NF文庫
ノンフィクション

遥かなる宇佐海軍航空隊

併載・僕の町も戦場だった

今戸公徳

潮書房光人社

まえがき

拙著の「僕の町も戦場だった」が幻になって久しい。

同著は、二十年ぶりに東京から帰郷した私が、そこには、かつて帝国海軍の航空隊（宇佐海軍航空隊）があり、太平洋戦争末期には、多くの特攻の兵士たちが沖縄戦に出撃して散華、また、航空隊（以下、宇佐空と書く）は、三次にわたるB29二十七機の集中爆撃をうけて壊滅、という悲劇的な運命を辿った場所であるにもかかわらず、その歴史のよすがさえ残していない姿に愁傷慨歎、当時には、まだ現存していた空襲体験者に会い、いっきに書きあげた一文が「僕の町も戦場だった」である。

今でこそ、戦記本や、大戦の事実を証言する出版物は溢れるほど刊行されているが、私が帰郷した四十数年前は、どちらかというと、まだ、後ろめたさを先立たせる時代だった。早い話、「僕の町も戦場だった」を毎日新聞（西部版）の大分版に連載したとき、中学時代（旧制）の友人から、〝いつから軍国主義者になったのか⁉〟と揶揄（やゆ）されるほどの時代風潮が残っていたのも確かであった。

幸い、昭和四十五年、文学博士の中野幡能先生が、「柳ヶ浦町史」を発刊する運びになったとき、別刷り附録として「僕の町も戦場だった」を加えていただいた訳だが、不思議で、また、興味深いことは、「柳ヶ浦町史」は千頁を越える大著、さらに函入り上製本だったにもかかわらず、書店の棚に並べられた際、附録だけが抜きとられ万引きされていた事実の多かったのは、それだけ地元の人々の宇佐空への関心が深かったからと言えないだろうか。

そして、三十数年経つ。二十一世紀に入って、当時を回顧し記述を思い立っても、大方の戦争体験者が鬼籍に入ってしまっている現在、参考にするにも、基になる資料としては同著が唯一の記録だし、「柳ヶ浦町史」自体、洛陽の紙価を高からしめている現状からして、戦後六十年をへて、復刊の声が高まってきたのも当然と思う。

昨年（平成十七年）、光人社から出版された「宇佐海軍航空隊始末記」が、大分市の書店でベストセラーのトップを飾っていたことなどは、この種の出版物としては特筆に価いする現象で、地元の人たちが自分たちの歴史、なかんずく、かつてあった宇佐空の歴史の記録をいかに渇望していたかを感じさせられるのも宜（むべ）なるかなと思う。

昨年、傘寿を迎えた私は、思えば昭和の歴史をリアルタイムで生きてきているし、家業の酒造業のかたわら、地元の大分合同新聞や、他のメディアに発表したコラムやエッセイはなにより、良い時代の証言になっている。その中で、宇佐空に関するものは六十五篇に及ぶが、この機会、賀の祝いともども宇佐空へのレクイエムをかねて上梓を思いたった次第である。

また、なぜ、こうも宇佐空にこだわるのかと、よく問われるが、実は、十二歳の時、人工肛門をつけるほどの大病を患い、手術が終わったとき執刀医から、〝これから先は運ですよ〟と引導を渡されたにもかかわらず、今日まで生きてきたのは神の思し召し以外にないと思うし、また、その神が、宇佐空への鎮魂賦の執筆を自分に命じたとしか思えなくなったからでもある。

著　者

平成十八年五月

遥かなる宇佐海軍航空隊——目次

遥かなる宇佐海軍航空隊

記録小説——僕の町も戦場だった

僕の町も戦場だった——その日の宇佐海軍航空隊

㈠　運命の四月二十一日——酒でまぎらす特攻隊員

それは、歴史の、証人となるためなのか。また、歴史に、責任を問うためなのか。すくなくとも、残された僕たちに歴史を実証し、再現させる義務のあることだけはたしかである。昭和二十年四月二十一日、当時、神雷特攻隊の基地になっていた「宇佐海軍航空隊」は、B29の攻撃をうけ、数分の間に、壊滅的打撃をうけた。しかも、飛行場周辺をかこむ民家の大部分と、民間の施設のほとんども、この日の空襲で吹っとび、焼かれ、数多くの肉親をなくした。

あれから、もう二十年の歳月が経過した。飛行場のあった旧柳ヶ浦町の人たちは、今は、何も語ろうとはしない。それは、人間の忘却作用がそうさせるのか、また太平な現在が思い

清長忠直氏〔清長文哉氏提供〕

出を誘おうとしないのか。人々はヒバリのさえずりのもとで、もくもくとクワを打ち降ろし、畝をかきわけてはいるが、それぞれの家には、あの日の黒い傷あとが、ヘビにかまれた歯型のように、残っているのだ。

「これがあの時の弾痕でしてネ」

上がりガマチを貫いているこぶし大の爆弾の破片の跡をさして三好賢司氏（当時、柳ヶ浦町警防団副団長）はそういった。傾斜したハリ。亀裂のあざやかな白カベ。そぎとられたヒサシ。黒い木偶のようになってしまったイチョウの大木。人々はその傷あとを見ることによって往時を回顧する——。

その日、午前六時、西部軍管区発令による警戒警報が発令された。

警戒警報発令と同時に、民間人勤務者は、ただちに配備につく。大分県第八（長洲町）防空監視哨長の清長忠直氏（日輪寺住職、現長洲中学教諭）も、その日は、カーキ色の制服に身を固め、自宅から自転車で、二キロ離れている妙見池畔にあった監視哨の任務にあたった。当時この地区は、西部軍管区の管轄下にあったので、すべて情報は大分経由で福岡の軍管区本部に伝達されていた。

この日、監視哨から西の方、眼下には、駅館川を隔てて「宇佐海軍航空隊」の滑走路が、

柳ヶ浦町警防団の幹部たち——前列右端から団長の
今戸悟氏、副団長の三好賢司氏〔三好種夫氏提供〕

昭和14年10月１日、宇佐海軍航空隊開隊式〔池津六郎氏提供〕

光る湖面のように横たわっていた。その上に、銀河、九七艦攻、一式陸攻、彗星、そして見なれぬ小さな飛行機「桜花機」（ドイツのV1号にまねた人間爆弾。一〇〇パーセント生還できない滑空機）がキラッ、キラッと不気味にきらめくのが眼鏡に写った。

もともと「宇佐空」は、昭和十四年十月の開隊以来、もっぱら艦爆、艦攻の練習航空隊として、戦闘機の「大分海軍航空隊」とともに「霞ヶ浦海軍航空隊」で基礎訓練をうけた飛行兵の卵を、一人前に育て上げるところであった。だが、戦争がじり押しに押されてくると、のんびり練習というわけにはいかない。

「捷二号」作戦命令により、昭和二十年二月上旬には、七〇一空、五〇一空、七〇八空と、三つの特攻隊が編成され、一五〇機ほどの特攻機が基地「宇佐空」に集結しはじめたのである。

その時、隊の道場に寝泊まりしていた「桜花機」の搭乗員たちは、死を前にして、やり場のない気持ちを酒にごまかし、だれかれとわず、あたりちらす、その雰囲気は、陰(いん)にこもって異様であったという。

その搭乗員たちは、一式陸攻の弾倉に抱かれて出撃する。目的点上空についた時、「桜花機」は母機からバッサリと離されるが、離された瞬間がこの世とのお別れ、一打の通信（・・・―・）を残して、太平洋のモクズと消え去ってゆく――。

練習航空隊であるべき「宇佐空」は、もう完全に、悲劇の舞台のスポットライトを浴びていたのだ。

(二) 時来る！ 出撃――岡田機、あぶなく帰還

空母五〇隻を基幹とする敵高速航空母艦機動部隊（第五艦隊）が、マリアナ基地を出航したという情報を入手したのは、その年二月の上旬であった。敵艦載機は、ほとんど無抵抗にひとしい日本本土を、わがもの顔に襲った。十六日、関東方面の各基地（横浜空、神ヶ谷空、原木空、館山空、天竜空、浜松空、三方原空、茂原空）が軒並み黒い翼下におかされ、トラの子の飛行機五〇五機が撃墜破（うち三三二機大中破）された。

基地航空隊は、残存勢力をかき集めて、ただちに索敵したが、俊敏な高速機動部隊は、ピストンのように素早い進撃と回避を繰り返すのか、なかなかその位置が捕捉できなかった。だが、海軍大将レイモンド・スプルーアンス麾下（きか）の大機動部隊が、日本近海を遊弋（ゆうよく）中であることはたしかである。九州の基地特攻隊（大村空、鹿屋空、出水空、佐伯空、大分空、宇佐空、築城空）は、切歯して敵機動部隊の接近を待っていた。

時がきた！　二月十八日午前零時。

「室戸岬南方〇〇カイリ」

「有明湾沖海上付近」

敵機動部隊接近の無電がはいった。

戦機は緊迫の度をましてくる！　いよいよ満を持した矢が弦をはなれてゆくか！

正十二時、基地「宇佐空」より第一回の特攻出撃敢行。銀河一八機、水サカズキのあと、粛々と、霜枯れの宇佐平野をあとにした。

海軍では、出撃の見送りの時、決して声をださない習わしがあった。ただ黙々と帽子をふるだけ、送る人、送られる人、その心中声なき声にみちみちて、基地は惜別の韻にあふれていた。滑走路に整列できない人たちは、それぞれの場所から、また庁舎の窓から帽子を振った。ふたたび還らぬが〝七生報国〟を誓って、日本の「礎」となる若き純忠の勇士たちに、いつまでも訣別の眼差しを送るのであった。

「悲壮と申しますか、尊厳と申しますか、ことばにはいえないほど……思いだしただけで胸がいっぱいになります」

マーシャル海域で夫をなくし、当時「宇佐空」に理事生として勤務していた東島志津代先生（現姓、椛田。現柳ヶ浦小学校教諭）は、そのころ回顧し、帽子を振って特攻隊を送った感慨をこう説明した。

その翌朝、指揮官機をなくした一七機は、傷ついたコウモリのように、ヨタヨタと還ってきた。だが今日、生きてかえってきたとて彼らには、もうあすという日は約束されてはいないのだ。隊員の宿舎になっていた柳ヶ浦女学校に、乗員たちは綿のように疲れた体を横たえた。その時、戦友の差し出したジュースも飲まずに、ベッドの上に眠り込んだ隊員があった。

岡田武教上飛曹――どれほどの時間眠ったであろうか、岡田は空腹のため目をさました。彼は眠りからさめるとき、母の夢をみた。そして小声で〝お母さん〟とつぶやいた。冬のせいか、あたりはもう暮れかかっていた。飛行グツもぬがず、マフラーも首に巻いたまま眠っていたのに、だれかがクツもマフラーもとってくれていた。

岡田上飛曹は、立ってコーヒーシロップをコップにつぎ、グッといっきに飲みほした。もう一ぱい。苦味が腹の底にしみわたって、生きている実感を味わった。そして昨日の、あの物すごいグラマンとの空戦を思い返した。

味方機は、敵機動部隊の輪型陣を発見する前に、すでに敵機に発見されていたのだ。機先を制することこそ勝利の要なのに、戦わずして敵の攻撃をうけるくやしさ。しかも圧倒的に優勢な敵の艦載機が、アブの群れのように襲いかかってくる。菊水銀河隊の宇野隊長の「攻撃断念」の命令がなかったら、あるいはグラマン一機と完全にさし違えていたかもしれない自分を、岡田上飛曹は反省した。

岡田武教上飛曹

翼の両端のパイかんほどもある大きな穴から、真紅の火をふいてとんでくる機関砲は、いったい何ミリ口径なのであろうか、まったくすごい弾だ！　ギッと音をたて、尾翼をかすめた時には、身がすくんだ。それから無我夢中で隊長機について引き返した。

国東半島の、珍しく白雪を抱いている山頂を見た時、さすがに、生きのびたと思った。夢みるかのように、岡田上飛曹は大きな息を吸い込んでは、静かにはきだした。そして〝お母さん〟と、心の中でもういっぺん呼んでみた。

彼の母は、いや彼の生家は、基地のすぐ目の前にあるのだ。歩いて三〇〇メートルもあろうか。実は、岡田上飛曹は、旧柳ヶ浦町江島の出身、当時父親は、宇佐中学（旧制）の教諭をしていた岡田頼雄先生である。岡田上飛曹はその三男。

小さい時から遊んだ駅館川も、フナすくいをした小川も、兵隊ごっこをしてさんざん荒らしてしかられた〝五百羅漢〟の裏庭も、そしてまだ、その校舎に恩師たちのいる柳ヶ浦小学校。短距離のはやかった永松貞義先生（現糸口小学校教諭）もまだいるだろう。マブタにうかぶ顔は、みんななつかしい人たちばかりだ。死ぬ前、一目でいいから会ってみたい。そう思うと、岡田上飛曹の心は矢も楯もたまらなくなった。

だが、特攻隊員の動静はすべて秘密。岡田上飛曹が「宇佐空」基地に移駐してきて以来、まだ一歩の上陸（海軍で外出のことをいう）も許されていない。父も母も姉妹たちも、自分がここにいることを多分知らないであろう。

彼は激浪のように襲ってくる運命の悲しさに耐えようとして、遺書の整理を思いたち、トランクをあけようとした。その時である。

「岡田上飛曹！」と同期の小林光上飛曹の声がした。

「？……」

「菊地分隊士がお呼びだ」

㈢　禅に問う菊地少尉――そしてグラマンが来襲

菊地利夫少尉（戦死後、中尉）は、きのうきた美佐子からの手紙をくり返し読んだ。それには達筆な筆跡で、「立派に死んで下さい」と結んであった。だがそれは、美佐子の本心なのであろうか？

学生時代二年間の清い交際であった美佐子。出征前のある夜、市ヶ谷の舗道で、かるいべーゼを僕にゆるした彼女。その時でさえ美佐子は〝死〟のことについて、なんにもいわなかったのに、その彼女が〝死〟を口にしている。それだけに、手紙の端々から、むしろ菊地は、銃後の人たちの緊迫した空気を、逆に感じとるのであった。

そして〝ヨシ！　立派に死んでやろう〟彼はそう決心した。だが〝死〟とは、いったい何なのかと思う時、またしても〝死〟について煩悶する。

『爆弾の炸裂する時、一瞬光る光芒があるが、光芒がシンとなり、やがて高々と紅蓮（ぐれん）の炎をふきあげ、いっさいが無になって、くずれおちてしまう。あの一閃（いっせん）の光芒の色、あれが浄土の世界の色であろうか。そして死んでゆく自分も、その光の中にとけこんでゆく。自分はもちろん、いや恋人も、肉親も一切合切、おのれの意識のすべてが無になってしまう』

それが〝死〟というものの姿なのであろうか？　菊地少尉は死を前にして、動揺するおのれの心を、どう処理しようもなかったのだ。

ある日、竹林の中にある日輪寺をたずねてみた。そして住職の清長忠直氏に、禅の道を問うた。清長氏は切々と説いた。

「死生一如、大地におかえりなさい！」と。おのれと対決すること一時間ばかり。そして、止観の果てに達した境地。

――〝大地にかえろう〟

菊地が美佐子への返事に、そう書こうと思った時、ドアの方から元気のいい声がした。

「分隊士はいります」

童顔の岡田兵曹がはいってきた。菊地はチラッと岡田をみた。すんだひとみ、鼻スジのとおった顔だち。瞬間〝この少年も死を前にしている〟と、フトそう思った。だが予科練出身のパイロットたちは〝七生報国〟を信じ、誓っている。この少年にせめて故郷の、そして父母の羽毛のぬくもりを感じさせてやろう。

「岡田上飛曹、今夜上陸を許可する！」

「？……」

突然のことばに、岡田は声がつまった。

「分隊士！」

硬直している岡田の気持ちを察して、菊地少尉は彼の気持ちをときほぐすようにいった。

「おみやげだ。このパイカンはお父さん、羊羹（ようかん）はお袋さんだ。娑婆（しゃば）じゃゼッタイ見あたらないモノだからな」

「ハイ！　ありがとうございます」

おみやげをもってガンルームを出ようとすると、うしろから菊地少尉の声がした。

「岡田兵曹、兵曹はいくつだったかな」

「ハイッ、十八歳であります」

その岡田武教君と最後の一夜をあかした田中貞茂氏（現田中商事社長）は、当時を思いだしてこう語った。

「立派でした。とても私より一つしか違わない少年とは思えませんでした。最後まで日本の不滅を信じて征（ゆ）きました。……いつでしたかあの夜は、春先の月のキレイな夜でした。お父さん、お母さん、お姉さん、それに私、配給の酒をのんで『予科練の歌』をうたい『宇佐中学』の校歌を合唱しました。門限がきたので彼は座をたちました。その時、お袋さん（岡田フサさん）がチョット涙ぐんでおられたんです。

ところが、それを見て岡田君がいうんです。

〝お母さん非国民だぞ！　涙なんかだして！〟

といって笑っていた白い歯が、私には印象に残っています。月明かりのアゼ道を、私と岡田君は腕をくみ、隊の方へ歩いて行きました。酒のせいか、彼の体がポカポカあたたかいんです。

そして彼の体温が、飛行服を通して私の体に伝

菊地利夫少尉

わってくるんです。私はあの時の彼の体のぬくもりが、まだ私の体のどこかに残っているような気がしてなりません」

岡田武教上飛曹は、それっきり帰ってこなかった。

小林光上飛曹も出撃前のある日、上陸が許可された。柳ヶ浦はかつて練習生当時にいたことのあるなつかしい土地である。彼はその当時の下宿、八千代薬局の小母さん（今戸ジュンさん）をたずねることにした。小母さんたち親子は、快く迎えてくれた。そこには二人の大和なでしこもいて、家の人たちがかきモチをやいてもてなしてくれた。

七輪でやくおかきの香ばしい香りに、小林兵曹は新潟の故郷を思いだした。〝元気でおわす父母〟せめて自分の消息を、この人たちに託して知らせたい。しかしいけない！　自分が特攻隊員であることを知らせるのはタブーなのだ。

「私たちも知りませんでした。小林兵曹が特攻隊員だったことは……。あの時は突然いらしたんです。そういえば、なんだか思いあたるフシもありました。小母さん！　歌を作ったヨといいましてな、天井をむいてくちずさみました。覚えています。〝生なく死なく無我の境、山河見ること絵のごとし〟。大洲海岸の好きな方でした。あ、そうそう、小林兵曹のお父さんからです。毎年きまっていまごろ寄こしてくるんですヨ」といって差し出したのを見ると、どっさり束にゆわえられたはがきである。筆跡は小林光兵曹のお父さん。

「二十日、故〝光〟の忌法要を営み、当時を偲びました。そして生前、目をかけて下さいました御厚情を謹しんで感謝致します。合掌、新発田市菅谷、故小林光父小林徳松七十五歳」

戦争で子供をなくした親たちは、戦後二十年をへた今日でも決してそのことを忘れない。命日には、恐らく永久にわが子の菩提をとむらい続けるであろう。

そして三月十八日午後一時ごろ、マサカと思っていた「宇佐空」に、グラマン三機が超低空で襲いかかってきた。味方は指揮所あたりから七・七ミリ機銃をうちまくるが、相手は十二・七ミリやロケット砲をたたきつけてくる。てんで歯が立たない。グラマンは格納庫すれすれに舞いおりてきては、ハヤブサのように身をひるがえして脱去してゆく。

この日二時半ごろと三時半ごろの二回。柳ヶ浦町民は、グラマンを、最初、味方機と感違いして表にとびだして見物している人もあったという。そのうち本物の爆弾がボコボコ落ちてくるので驚天したらしい。だがこれは、敵側の「宇佐空」に対するホンのあいさつ程度のお見舞い、どえらい本番は、四月二十一日に控えていたのだ。

(四) ズン、ズン、バリ――ついにB29の猛攻受く

四月二十一日、監視哨長清長忠直氏の眼鏡にうつった滑走路の艦爆指揮所では、その朝、隊長宮内安則少佐（現ヤマガタ・エンヂンハラリヤ・ソサイデイド専務、リオデジャネイロ在住）が、練習生に作業前の訓辞を与えていた。「宇佐空」は、所属が「呉鎮守府」管下に属していたため、場所が西部軍管区内にあっても、命令系統は「呉鎮守府」の指揮下にあった。そのため七時半、すでに空襲警報解除が伝達され、「宇佐空」は第二警戒配備（警戒体制）

に移っていた。

ところが同時刻、民間の大分管区では、西部軍管区司令部から空襲警報が発令されたのである。

その時——清長忠直哨長は一瞬、緊張して眼鏡をにぎりなおした。

航空隊副官室勤務の東島先生は、ちょうど小松橋を渡りかけようとしていた。

四日市農学校勤労奉仕隊の東幸雄氏(現清酒「民潮」社員)は、航空隊の前の駅館川の川原の石を運んで隊門にはいろうとしていた。

三好賢司氏は、朝早くから柳ヶ浦町警防団本部につめたまま。

柳ヶ浦小学校の永松貞義先生は、奉安殿守護のため、奉安殿東側に「く」の字に掘った防空壕にはいろうとした。

ところがトビラをあけて驚いた。そこは二ヵ月前から、兵舎に徴発された小学校講堂を宿舎にしている宇和島の海軍練習生(甲種飛行予科練習生が一〇〇〇人近く講堂を兵舎に使用していた)十人ばかりに占有されていたのだ。だが先生は、校長先生ともども無理をして中へ割りこませてもらった。

航空隊用務員の矢野重光さんと熊野御堂杉松さんは、隊が第二警戒配備についたため、休憩室に引き返そうとした。

そして、隊の宮内隊長は、民間人の空襲配備とは逆に「作業にかかれ!」下命した。芝生の上に整列していた練習生たちは一斉に散って、練習機の方へかけていった。その時である。

隊長は聞きなれない爆音を耳にしたのだ。

「？……おかしい！」と思うや耳をそばだて、とっさに眼鏡を目にあてた。

〝映った〟あの銀ネズのトカゲのようなＢ29。九機編隊の梯団が三つ。合計二七機、一分一厘ちがわぬ見事な菱型。宮内少佐は一瞬、実戦の経験がヒラめいた。

〝飛行機が爆弾を投下する時の、定規ではかったような正確な編隊飛行。空母〝飛鷹〟が爆撃された時もそうだった。

そう思って宮内隊長は、Ｂ29の弾倉を注視した。案の定、編隊が、小波のように上下に揺れた。弾倉が開き、黒い塊が土くれのようにポロポロとこぼれた。

昭和19年、九九艦爆の前で練習生と共に記念撮影する宮内安則大尉（手前）〔本人提供〕

〝隊がネラわれている！〟

少佐は一瞬、そう直観した。

そして大声で号令した。

「退避！　退避！」

練習生たちは、急いで防空壕へとびこんだ。爆弾の追従角を追っていた宮内隊長は、完全限界のいっぱいいっぱいまで眼鏡から目をはなさなかった。そして爆弾が、黒い影絵のようにせまってくるぎりぎりの瞬間、少佐は壕にとびこみ、トビラをしめた。

ズン、ズン、ズン、ズン、バリ、バリ、バリー。

壕をへだてて聞こえてくる炸裂の音——そのたびに体が三〇センチもうきあがった。そして頭をイヤッというほど天井にたたきつけられた。

監視哨からB29侵入の一部始終を的確にとらえようと、清長忠直哨長は眼鏡をあてたまま、B29の進行方向を追った。御許山上空にB29の機影を発見したのが八時十分、高度二〇〇〇メートル。

第一梯団の九機が、銀翼をかがやかせて、ぐっと高度を下げて突っこんできた。〝あぶない！〟と思った。高度がグングン下がってくる。〝あわや！〟と思ったが、第一梯団はどうしたことか、航空隊の真上を西の方へ飛び去って行った。そのあと第二、第三梯団の一八機が、まったく判でおしたようにピタリとくっついてとんでくる。

高度二〇〇〇メートル。編隊がピクッとゆれたかと思うと、弾倉がギイッと音をだして開くように見えた。ウサギのフンのような爆弾が、駅館川の川の中や、飛行場周辺にアラレのように降っていった。

庁舎や兵舎や格納庫が、アッという間に吹っ飛んだ。やがて真っ暗い煙が一面に上がってきて、航空隊はなにも見えなくなってしまった。

ところが柳ヶ浦女学校から、突然、曼珠沙華のような火がおどりあがるのが見えたと思うと、真っ赤にもえあがり、火の粉が粉雪のように舞い上がった。自分の家の日輪寺にも炎が移る。あれよあれよという間に、本堂からグレンの火柱が吹きあがるのが眼鏡に映った。四日市農学校の生徒、東幸雄さんは、突然の爆弾で反射的に暗渠の中にとび込んだが、体がコロコロところがっているような錯覚に襲われた。物すごい振動が体を押さえつけた。

彼は、恐ろしさのためじっと息をころした。なにか熱いものが足首を走った。千の雷が一度に落ちるような音がした。恐い！　ただそれだけ。しばらくして一段落したと思った彼は、暗渠をはいあがり、庁舎わきの防空壕にはいろうとした。だがトビラをあけてギクリとした。ハチの巣のように穴だらけの顔が倒れてきたのだ。よく見ると、用務員の矢野重光さんだった。

「矢野さん！」と東さんは呼んだ。だが矢野さんは虫の息。そのすぐ目の前にも、熊野御堂杉松さんが、爆風の衝撃でやぶれた腸管を左右の手で押しこむような姿勢で死んでいた。奥の兵隊は、白い作業服だけ。中身がどこかに吹っ飛んでいる。――そして頭蓋骨がむき出しになって死んでいる兵隊。彼は驚いてトビラをしめた。すると前に、胴体だけが十メートルも歩いて倒れている。

惨！　彼は恐怖のため、いっときも早く、この場所から逃げようとした。だが足が立たない。

見ると、左右にベットリと血が固まっている。指でふれると、傷口の中に人差指がニユッとはいっていった。指が向こうズネの白い骨にふれて、その痛さに、彼はウッとうめいたまま気絶してしまった。

(五) 防空壕に直撃――いまも残る弾のあと

ワラのコズミの陰にかくれていた三好賢司氏は、ハンマーで一撃されたような痛みを背中に感じた。あたりは土煙りで暮れ方のように暗くなってしまった。前に伏せている今戸悟氏（当時、柳ケ浦町警防団長）の身体に、思わず自分の身体を密着させた。突然だれかが〝敵機来襲！〟と叫んだ。黒い梯団（ていだん）が天津（あまつ）方面から高圧線沿いにやってくる。超低空だ。シュルシュルと降る爆弾、吹っとぶ講堂、奉安殿、校舎等々――。

「ハイ、直撃でした。ガチッと頭に衝撃をうけました。瞬間ナニかあったと思いましたが、その時、額がやられていることに気がつきませんでした。伏せて、両のマブタをおさえていた指をはなすと、いままで真っ暗だった防空壕の中が、急に明るくなっているのです。ヤギネ、防空壕の屋根がとばされていました。起ち上がって見ますと、奥田薫校長（故人）と、小屋のかげになっている見えないはずの駅の機関庫が、素通しに見えるんです。驚きました熊野御堂和子先生（現姓佐々木、大分市上野六十七組託磨アパート在住）の身体がかすかに動くんです。奥にいた予科練の兵隊さんたちは、頭や胴や足がバラバラにちぎれて折り重なっているんです。そして便所のヒサシに、兵隊の片足が引っかかっているじゃありませんか。あとで聞くと、一〇人が即死、助かったのは、トビラの方にいた私たちだけだったそうです。

三州尋常高等小学校講堂。昭和20年４月21日の宇佐空襲の際に壊滅

五〇キロの瞬発爆弾をモロに食らったんですネ」

　永松貞義先生は、当時の状況を生々しく語ってくれた。

　これは最初、高度を下げて進入してきた第一梯団の九機が、いったん脱去後、ふたたび引き返して、柳ヶ浦町を根こそぎたたきつぶす戦術だったのだ。超低空で高圧線沿いに東上、荒木方面（四日市町）から幅四〇〇メートル、長さ三〇〇〇メートルにわたって、その施設、住宅を無差別に粉砕していったのである。この爆撃により、柳ヶ浦女学校、柳ヶ浦小学校、津島屋の酒倉、蓮光寺、日輪寺、永田養鶏場、御西（おにし）部落をはじめ、全町が一瞬のうちに烏有（うゆう）に帰した。

「宇佐空」勤務の途上、学校前でこの災難に遭遇した東島先生は、麦畑の畝（うね）に退避、ただうつ伏して恐ろしさにふるえるばかり、涙も出なかったという。爆弾のスキを見て、駅館川の川岸の方へ逃げていったが、対岸の安全地帯に避難民をはこぶ伝馬船はすでに出たあと、助けを呼んだが舟は引き返してくれず、時限爆弾がつぎつぎに爆発して慄然、すぐ横で破裂した時限爆弾の砂ホコリをモロにかぶって先生は気を失ってしまった。

夕方、気がついてみると、川の断崖の隧道の中に寝かされていた。隧道の中は、負傷者のうめき声でムンムンしていた。しかし、自分の身体にケガ一つないことを知って、われに返り、負傷者の看護にあたったという。

夜、酸鼻をきわめる隧道のかなたから、静かな尺八の音が流れてきた。耳をかたむけると、川原で荼毘にふされる戦死者の遺体にたむける一管の葬送曲だ。たまたま本堂を焼かれた清長忠直氏も、監視哨からかえり、本尊を蜷木の直心寺に移しにいく途中、戦友の手で遺体が焼かれている光景に接し、思わず立ち止まって合掌、読経して戦死者の魂をとむらったという。

その時、異境の土地ゆえ、勝手に困惑する兵隊たちに、適切な指示をテキパキとあたえている人があった。長洲女学校の校長原沢省二郎さん（現在宇佐郡駅川町在住）で、混乱の中にも、民間人の有志の方たちの手で遺骨はていねいに葬られたのである。

制空権を、敵の手中に握られた戦いが、いかにみじめであったかは、幾多の戦歴が教訓をのこしているとおりであるが、太平洋戦争末期の「宇佐空」の壊滅状況も、その一つに数えられる戦訓となろう。

だがこの日、敵機の襲撃と見るや、飛び立つ味方飛行機の一機もないのを見て、一目散に滑走路にかけだし、一式陸攻の銃座にとび移って、敢然とB29に向けて機銃を撃ちまくって応戦した兵士があったという。その兵士たちは、台湾沖海戦で戦功のあった勇士たちと聞く。彼らのために、この勇敢なる行為を書きとどめておこう。

〔わが方の被害〕

戦死者一六一人（うち士官一五人）▽負傷者三〇〇人以上▽滑走路被爆五〇〇キロ時限爆弾四〇発▽庁舎、兵舎、格納庫などの施設全壊▽民間人死者九人▽民間人負傷者三〇人▽民間倒壊家屋三六戸▽民間火災家屋三三戸▽民間大破家屋六〇戸▽民間中破家屋二〇〇戸▽民間小破家屋六〇〇戸▽農道、水路、通水、交通不能個所は数えきれず。（三好賢司メモ）

旧柳ヶ浦町は、全町にわたって戦火の洗礼をうけたのである。では、なぜかくも徹底的にたたきのめされたのか？　それにはさまざまな原因や要素があろう。

ただ一つだけはっきりいえることがある。それは「宇佐空」が、西部軍管区内に所在しながら「呉鎮守府」管下に属していたということである。敵はその管轄(かんげき)チャンネルの間隙を見事についたのである。

いま、大洲海岸を背にして、その場所に立つと、畑一面、早出の麦穂が風にまねかれて、何事もなかったかのようにさわやかにさえある。かつての特攻隊員たちの宿舎であった柳ヶ浦女学校も、女子高校として新生、白亜の本館が、愛の象徴のように断雲の空にそそり立っている。校舎の前には、特攻隊員たちの忠魂碑が、モチの木にかこまれて静かに、静かに眠っている。

瓦礫（がれき）と化した柳ヶ浦小学校も、町民の手でウグイス色の鉄筋に生まれ変わって、なにも知らない子供たちが、広い運動場で無心に遊んでいる。一部落火の海となった御西（おにし）部落の家々も、再建に長いことかかったが、いまでは鶏や牛の、のどかな鳴き声が聞こえてくる。――柳ヶ浦は全く静かになった――

暮色、右手に、鋭利なシルエットを夕映えのあかねの空にきざみこむ八面山。そして左手に、ふくよかな母性を思わせる温容で宇佐平野をつつむ御許山。その間を数珠のようにつらなる宇佐郡の山々をあとにして、私は帰路についた。そして小学校の前まできた。だが昔の姿はしのぶよすがもない。

しかし、正門わきの石べいの土止めを見た時、胸元を小刀で突き刺されたようにギクリとした。コンクリートの土止めのスソに、二十年前の爆弾のツメあとが、一寸おきといわず、えぐりとったような傷痕となって残っていたからだ。

㈥ 〝僕の町も戦場だった〟余聞

「僕の町も戦場だった」の連載をはじめてから、いろんな人たちから、知らせや連絡がとどいた。それはちょうど、長洲町民二万人の一人々々が、それぞれ、その思い出を持ち、そのまま二万人のドラマができそうに思われるほどの反響だった。あの〝ルポタージュ〟では、まだまだ資料やエピソードが十分でないため「もう少し押したいなア」と思っていたので、それらの連絡はたいへん嬉しかったし、今後の執筆に貴重な資料となるものばかりだった。

飛行場あとの東側にある〝忠魂碑〟と〝予備学生戦死者氏名〟の顕彰碑の建立のいきさつも、こんどくわしく知ることができた。これは、故人となった篤志家、久保猶作さんの献身的な奉仕で建てられたもので、昭和二十八年当時〝宇佐空〟の記録の、多くが飛散し、あるいはなくなっている中で、人づてをもとめて連絡しあい、一人々々の英霊の名前を集め、また遺族にも呼びかけて、その献金と猶作さんの土地の提供で翌二十九年に完成した。

その碑銘の中で〝隊内戦歿者〟の部の巻頭に「東京都出身、岸初男、二十三歳」とあるのは、親一人、子一人で戦死された東京の岸もとさんのお子さんである。

もとさんは、初男さんが〝宇佐空〟に移駐してから、息子のあとを追って、はるばる東京から引っ越し、ずっと長洲町の神光寺に下宿して、週一回のわが子の〝上陸〟を待っていたそうである。いっときも、ご自分の息子とは離れたくなかったのである。それでも二十一日の空襲で戦死してしまった初男さんの消息は、しばらくたってから、もとさんのところへ知らされたのだそうだ。

戦後、わが子の菩提をとむらっていたが、息子の最後の土くれがどうしてもほしく、昭和二十八年、一人で柳ヶ浦にこられた。岸もとさんの書いた本〝我等忘れず〟には、初男さんの生いたちから、戦死するまでのことがくわしく書かれているそうだ。

〝忠魂碑〟は〝顕彰碑〟よりすこし前、宇佐八幡神宮庁の支援と、宇佐八幡講員柳ヶ浦支部の努力でできた。当時支部長だった猶作さんが、土地、費用、庭木など資材を提供して建立した。五メートル余におよぶ石塔は、たまたま航空隊健在のころ、隊で〝忠魂碑〟をたてようと用意したもので、当時、庁舎の前におかれていたが、あの空襲で埋もれ、行方がわからなくなっていた。それを戦後、江島の西範治さん（故人）が探しだし、立派に化粧して建てなおした。碑銘の〝忠魂碑〟という墨痕は元海軍大将、米内光政閣下の筆だ。

米内光政海軍大将揮毫の忠魂碑

現在その場所は、飛行場跡の被爆したエンジン調整室を改造して住んでいる田原ミサエさんはじめ、宇佐八幡講員柳ヶ浦支部の人たちや柳ヶ浦女子高校の生徒さんたちの手で毎日清掃され、生け花と灯明があげられている。久保猶作さんは昭和三十五年六月十六日になくなり、現在は長男の久保勇さんがその遺業をつぎ、毎年慰霊祭や盆踊りをして霊の供養をしている。

また、慰霊祭の時、祭壇ワキに飾る軍艦旗のポールは〝宇佐空〟軍艦旗のポールで、それをもって四日市町に復員していた大山澄夫大尉（故人）が、忠魂碑建立の時、久保さんへ寄贈したものだ。

　そのほか「宇佐空」設立委員として〝大分空〟から派遣されてきた大重盛武大尉は、昭和十三年の開隊準備当時から終戦の年の五月七日まで〝宇佐空〟にいたという（その間二度転出）。〝二十一日〟は、ちょうど当直将校勤務だったが、なにかの都合で、同僚の井岡大尉と交代。その井岡大尉は二十一日朝、庁舎玄関前で戦死した。その大重大尉も、四日市町東別院前通りで〝まんじゅう屋〟を営み健在でいることもわかった。大重さんは艦爆の整備を担当、五月七日までに〝宇佐空〟から特攻出撃でおくりだした艦爆は九九機にのぼったそうだ。また、飛行機に積み込む通信器の整備をしていた岩金兼男兵長も〝二十一日〟の生き残り。現在四日市町川の上でラジオ店を開業している。

　あの空爆以後は、駅館川の対岸にトンネル掘りの突貫作業が強行され、わずか一週間で、高さ二メートル、長さ五〇メートルにおよぶ防空壕を七本も掘り、隊員の大半は終戦までそのトンネルで作戦に従事していた。指揮は終戦になり、復員するまで乱れなかったそうだ。〝宇佐空〟は帝国海軍として有終の美を全うしたことになる。

　しかし、海軍さんたちが復員したあとがたいへん、民間の相当な人たちまで含めてトンネルの中の食料品とか、鉄材、医薬品など当時シャバに不足していた物資をアリの子がたかるように略奪、町民の恥部をさらけだし、心ある人たちのヒンシュクをかった。この物語は後日ドラマの素材にでもさせていただくとして、ひとまず筆をおくとしよう。

（「毎日新聞」大分版・昭和三十九年四月十六日〜四月二十日）

続・僕の町も戦場だった

――宇佐空をめぐる人々

㈠　ハワイにも出撃？――〝戦史〟には記載がない

やっぱり書いてよかったと思った。いま、続編の筆をそめるにあたって、そのような感慨が、ひとしお深くわいてくるのも、昭和二十年四月二十一日、あの日に戦死された英霊にささげる一文「僕の町も戦場だった」が、郷土の人たちをはじめ、数おおくの人たちの共感をよび、また、あまたの声援と、ご協力をいただいたからである。

過去は、日がたつにつれて、人々の脳裏から泡沫のように忘れ去られてゆく。それは、たとえ〝事実〟であってさえ、人々の記憶はうすれ、ふたしかとなり、忘却されるうちに、歴史の真実が歪曲(わいきょく)され、あるいは湮滅(いんめつ)されて、永久に葬られてしまうものである。

私たちには、私たちがそこに生まれ、はぐくまれ、生きてきた以上、郷土の歴史を、私たちの子孫へと残し、また伝えなくて一体、誰が伝えようとするのか。日本人であるかぎり、八月十五日の屈辱感を、忘れてはならないように、郷土をもつかぎり、私たちは、郷土の歴史を忘れてはならない。だが、その歴史を、子供たちに伝えるにしても、その仕事は、郷土に生まれた私たちをおいて、他のだれもそれを、してはくれないということである。

あの一文の反響は、大きかった。あの日のことを知らない人も、知っている人も、祖国を愛し、郷土を愛する人たちは、いちようにそれぞれの感慨を託し、

「もっと調べて、もっともっとくわしく書いてほしい」

と、激励のことばや手紙はもちろん、写真や資料を持って、そのために訪れる遠来の客もあった。それは、かつての宇佐空の栄光が華麗であればあるほど、終焉(しゅうえん)をつげる寂光の影は、平家の公達のそれにも似て、一巻の悲劇を、夢みさせるかのようである。

でも、こんどはもっと正確に、よりくわしい事実を記録化しようと思い、私は再び防衛庁の戦史編纂(へんさん)室を訪れた。しかし、雲散霧消というよりあの激戦の中だ。おおくの人たちが戦死して、問う人たちの少なくなった現在、正確を期す資料は知る由もない。だが、一つ、戦史室の資料をめくる間にも、私の脳裏に密着して水苔(みずごけ)のように離れようとしなかったのは、郷里の人たちが〝宇佐空〟の幻の栄光を、核のように堅く信じている事実であった。

「十二月八日の〝ハワイ海戦〟には、宇佐空からも飛行機が飛び立っていったんですよ」

大ていの人々から〝本当ですかそれは……〟と、念をおされるたびに、それが事実である

宇佐空の九六艦爆〔池津六郎氏提供〕

宇佐空開隊当時の九七艦攻。方向舵に「ウサ」の字が見える

かどうか？　私はつきとめなくてはならない義務を感じるようになった。もっともあの時は、太平洋戦争の中で日本のもっとも景気のいい時のことでもあり、それに、負けのこんできた時の話なんていうものは、たとえ身近なことでも、野球のヒイキチームが零敗した時のようにおもしろくないものである。だが、たとえ、それが事実であったにせよ、滅亡の中からかつての栄光の姿をしのぶのは、たえがたいうら悲しさのこもるものである。でも私は、その時の真相をたしかめなくてはならない。

再び戦史室の扉を開いた。しかし〝ハワイ海戦〟のくだりには、〝宇佐空〟のことは一行も記録されてない。私はがっかりした。事実はそうだったのかもしれない、と思うと、瞬間、私は郷里の人たちの〝夢〟をこわすのをおそれた。

当時〝宇佐空〟は教育部隊であって、実施部隊として作戦に参加するようにはなっていないので、無理もなかろう。しかもハワイ出撃は、当時連合艦隊（空母「加賀」「赤城」「飛龍」「蒼龍」「瑞鶴」「翔鶴」、戦艦「比叡」「霧島」、重巡「利根」「筑摩」、軽巡「阿武隈」、駆逐艦「谷風」「浜風」「浦風」「浅風」「霞」「霰」「陽炎」「不知火」「秋雲」、ほかに補給船）が乾坤をかけての奇襲である、〝宇佐空〟の九六艦爆あたりが、のこのこでかけて行くほどあまい舞台ではなかったろう。

すると、ハワイ出撃の事実は〝幻〟だったということになるが、赤穂浪士の討ち入りに〝義士外伝〟が伝えられているように、ハワイ出撃にも、それに似た外伝話がありそうである。私は身近にいる人、当時、宇佐空で九七艦攻に乗っていた井上泰雄飛曹長（中津市天神町で丸一製パン所経営）に、宇佐空機ハワイ出撃の真相究明をもかねて、思い出話を聞くことにした。

(二) ハワイに出撃したのは——練習していた艦載機

「そうですか?……」と、童顔の井上飛曹長は、ニッコリ笑って答えてくれた。

井上泰雄さんは、予科練出身（七期生）の搭乗員、艦攻から艦爆に変わった偵察員で、日をつむっていても、爆弾を敵艦に命中させ得る腕前の持ち主であった。〝宇佐空〟にいたのは前後二回、一回目は教員として、昭和十五年七月から昭和十七年五月まで、宇佐空の栄光の時代である。二回目はレンドバ島（ソロモン群島）でグラマンにおそわれ、愛機が黒煙をふいて不時着、だが奇跡的に助かり、長い病院生活のあと、教官として再び宇佐空にきた時（昭和十九年三月）である。六次にわたるブーゲンビル島沖航空戦をさかいに、日本では予科練出身の優秀な搭乗員をほとんど消耗しつくした。

井上泰雄飛曹長

井上飛曹長は、ブーゲンビル島沖航空戦の生き残りの一人である。幾多の死地をくぐりぬけ、多くの戦友を目の前でなくして、敗戦。そして戦後の断層を、ガケをよじのぼるような気持ちで生きてきて、いま二十回目の終戦の日を迎えようとしている。その間、人生の半分を戦争にささげつくした彼としては、戦争のことは忘れようたって忘れられない。

「飛行機に乗ってみたいですネ」

ポツンとはきだすようにいう彼のヒトミの奥には、死んだって忘れない思い出が秘められているかのようだった。彼は、しずかに語りだした。

「開戦（昭和十六年十二月八日）の前日十二月七日は、日曜日でした。私は戦友と上陸して、日出のみかん山に遊びに行ってました。ところが、黒い吹き流しをつけた警急呼集を知らせる飛行機が飛んできたので驚きましたネ。瞬間、何かあったなッ！と思いました。だってあのころは、国際情勢が非常に緊迫していましたし、開戦は時間の問題だったと思うンです。その翌朝、連合艦隊によるハワイ奇襲を聞きました。出撃した艦隊の同期生や先輩たちの顔が浮かびましたね。彼らはホンの一ヵ月前、実施部隊としてあのころ宇佐空で訓練していましたからネ」

それを裏付ける資料はある。

昭和十六年十一月五日、天皇ご臨席の御前会議で開戦が決定された日、連合艦隊は佐伯湾に集結していた。そして海軍はその日、作戦準備の命令を連合艦隊に発している。ハワイ奇襲を企図しての機動部隊は、ひそかにそれぞれの根拠地を出て、発進基地である千島の単冠（ひとかっぷ）湾に集結しはじめた。同湾を出港したのが十一月二十六日、したがって十一月のはじめ、艦隊の飛行機が南九州の各航空隊を訓練に使用していたのもそのころである。

特に鹿島湾は地形がハワイのオアフ島に似ているので、艦上機の雷撃訓練に使用された。

そのころ超低空におりてくる艦攻の訓練を見て、市民は驚異の眼をみはったという。また米水津(よのうず)沖に黒島という先のとがった無人島があるが、ここもその時、艦爆の模擬爆弾（訓練用の爆弾で、中に砂をつめた）の投下訓練により、落とされた爆弾の砂で、文字どおり真っ黒になったということである。

　みんなが信じているように、もし宇佐空からもハワイ出撃の飛行機が飛び立ったとすれば、おそらくその時、宇佐空の飛行場を使用していた艦隊の艦載機をさしていうのであろう。ただ、艦隊の艦載機がいなくなってから、宇佐空では防諜(ぼうちょう)のために、艦載機がやっていたと同じ訓練を、開戦の日までつづけて敵を欺瞞(ぎまん)させていた事実はある。その辺りのことを池津六郎少尉（現在、三重県四日市市在住）に思い出してもらった。

「そうでした。十一月の初めでしたネ。あれは艦隊の搭乗員たちが、訓練のため宇佐空の飛行場を使い、隊の道場に寝とまりしていました。彼らの飛行機は、当時の最新鋭であり、練習航空隊の艦攻や艦爆とは、型もちがっていたので、民間人でもそれとははっきりわかったでしょう。艦隊が出撃したあと、それまで艦隊機がやっていた母艦呼び出しの信号を、そっくりそのまま宇佐空の飛行機からも発信していましたネ。敵の裏をかくというわけですかネ。私たち、そのころハワイ出

池津六郎一飛曹

撃の企図なんて知るはずもありませんし、開戦になって、なるほどと思いましたヨ」

〝ハワイ出撃〟は、企図を秘匿しての行動だったため、くわしい話がわかりにくい。だがその年の暮れ、それらの艦載機が還ってきて〝宇佐空の休日〟を送ったことは事実である。そのわずか五日間の休暇に、ツユのようにはかない、また、むせぶようにうらがなしいロマンスがたくさんある。

(三) 楽しかった あの時 ——神宮で堅く誓った二人

昭和十六年十二月二十八日夕刻、なにごとが起こったのかと思われるほどすごい爆音が起こった。国東半島の方向から、暗緑色の機体に真紅の日の丸をつけた見なれぬ飛行機の群れが突如、何十機となく、宇佐空基地になだれ込むようにして飛んできた。

貴佐子はその日お正月が近づくので、モチをついたり掃除をしたりしてこまねずみのように働いていたが、聞きなれぬ爆音につられて、思わず物干し台に上がってみた。そこからは、八面山のスソをはうようにして、濃い緑色の飛行機が、一機ずつ、フラップを下ろして降りていくのが手にとるように見えた。

それらが方向舵に特徴のある零戦であることも、低翼楕円型（だえん）の翼をつけて、今にもかみつきそうな九九艦爆であることも、またエンジンのカウリング（カバー）の部分が筒ソデのように細くなった九七艦攻（Ⅲ型）であることも、貴佐子はだれよりもよく知っていた。

もちろんそれは、艦隊にいるあの人から教わったことである。明治生まれの父から〝女だてらに飛行機のことなンぞ〟とよく小言をいわれるが、二階の自分の部屋の中には、あの人の飛行服姿の写真が、日記帳の間にしまいこまれている。

その人と貴佐子は、もう三ヵ月も会っていない……貴佐子があの人とはじめて会ったのは二年前、やはりモチつきのいそがしい日だった。子供たちとフナ釣りに行くといって、釣り道具を買いにきた。その時あの人は、学校の先生のようにやさしかった。かくばったアゴ、大きなどんぐり目、みるからにたくましい顔だちであったが、子供たちを見る時、眼が象のように細くなる。貴佐子は、ふとそのやさしさに心をひかれた。

それから――あの人が予科練の五期生で、艦攻の操縦員だということも、熊本県天草の出身だということも知ることができた。そしていつかしらぬ間に、貴佐子の心は上陸してくるあの人の訪れが、夕べを待つ夕顔の花のように待ちどおしくなっていた。

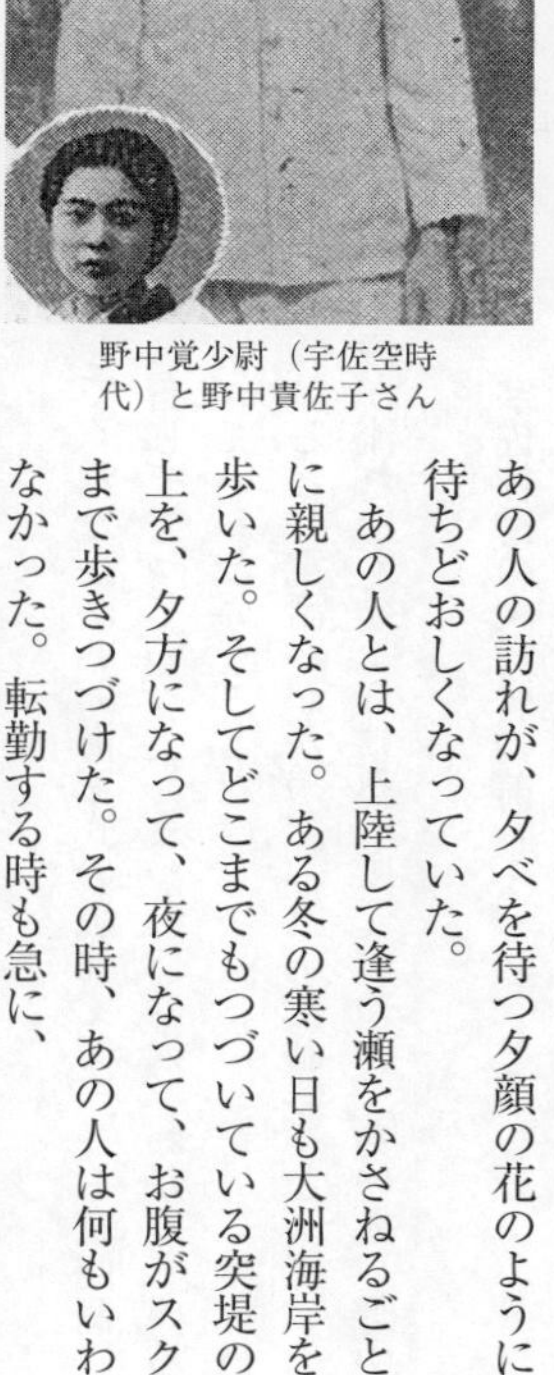

野中覚少尉（宇佐空時代）と野中貴佐子さん

あの人とは、上陸して逢う瀬をかさねるごとに親しくなった。ある冬の寒い日も大洲海岸を歩いた。そしてどこまでもつづいている突堤の上を、夕方になって、夜になって、お腹がスクまで歩きつづけた。その時、あの人は何もいわなかった。転勤する時も急に、

「転勤だヨ、さようなら……」

といっただけ。その時、初めて私にしてくれたかわいい海軍式の敬礼でてのひらを内側におがむような格好の挙手。そのまま回れ右して去っていってしまったあの人。わかっていることは、あの人が航空母艦「飛龍」に乗っているということだけ。

机の前で、あの人の思い出にふけっていると、電話がかかってきた。受話器をとって、その声を聞いた。貴佐子の体は、急に電流が流れたかのように熱ッぽくなった。あの人、野中一飛曹の声であった。

「僕だヨ、わかるネ……会いたいンだ、宇佐神宮の大鳥居の前……」

その声は、貴佐子にとっては、お正月が二日も早くやってきたようだった。

盛装して宇佐神宮にかけつけた。朱塗りの鳥居のカゲに、あの人の笑顔が待っていた。貴佐子はあの人に向かって、思わず笑顔をかえそうと思ったが、胸が熱くなって涙があふれてきた。あの人が走ってきた。貴佐子も思わず小走りで、あの人のもとへかけていった。

「貴佐ちゃん！」

「覚さん！」

二人は短くも永遠の時を互いに見つめあった。

貴佐子はその時、宇佐神宮で野中覚一飛曹との結婚を誓った。そして二人はまもなく挙式した。

その時、航空母艦「飛龍」の搭乗員だった野中一飛曹は、十二月八日の〝ハワイ攻撃〟に

航空母艦「飛龍」より僚艦「蒼龍」を望む〔池津六郎氏提供〕

加わっていたことはもちろんである。

「飛龍」はハワイ奇襲後、僚艦の「蒼龍」とともに機動部隊と分かれ、ウエーキ島攻略のために別行動をとった。以後、一路西進して十二月二十八日、豊後水道にはいったのである。

したがって、その日飛んできた濃緑色の飛行機は、ハワイに出撃した「飛龍」「蒼龍」の艦載機であったわけだ。

上陸した艦隊の搭乗員たちは、その年の正月を別府の水交社や中津ですごした。太平洋戦争中をとおして、おそらくこの数日間が、もっとも〝栄光〟に包まれていた時ではなかろうか？

艦隊の搭乗員たちは、〝松〟のとれぬうちにふたたび出動、インド洋を荒らしまわり、いよいよ運命の〝ミッドウェー海戦〟へと、悲劇の道をたどっていく。

航空母艦「飛龍」のパイロットであった野中一飛曹は、その年の六月七日、ミッドウェー海戦では生きのびたが、昭和十九年六月二十四日、マリアナ沖海戦後に戦死している。

(四) 花咲くロマンス——異口同音に「宇佐はいい」

岡田貴佐子さんの例をまつまでもなく、当時、〝宇佐空〟では、ロマンスがいっぱいだった。生き残っているかたたちでも、地元に居ついた人たちや〝宇佐ッ娘〟をめとった人たちは多い。その人たちに聞くと、みな異口同音に〝宇佐はいいところだった〟と、郷土の人情風土をほめ、まだなつかしんでくれる。

昭和十七年七月から約一年、宇佐空にいた横田暲（あきら）中尉は、慶応大学医学部を卒業と同時に、一ヵ年の士官訓練をうけ、軍医として赴任してきた。

駅館川をはさんでその対岸に咲く藤の花が軍医室の窓から見えて、つかれた目をやすませてくれたという。上陸すれば別府の水交社（現赤銅御殿）や耶馬渓は近かったし、教育航空隊の環境としては申し分なかったらしい。そのことは、やはり昭和十七年四月から約一年ばかり宇佐空に在勤していた伊藤良秋少将からもうかがった。

伊藤少将には、筆者は〝ハワイ出撃〟の真相（ハワイ出撃のとき、宇佐空から飛行機が飛び立っていったかどうか）をうかがうために東京のお宅まで訪問したことがある。戸塚の台地の団地の一隅に住まわれ、奥様とお二人で元軍人らしいつつましいお暮らしのようであった。伊藤少将は、戦後はもう軍人の出る幕でないことを承知されているのかどうか、最近ではもっぱら近所の子供たちに英語や数学を教えているそうだ。

「宇佐空時代をおぼえていましょうか？」

と、奥様に申しあげると、

「……中津にいました。お堀ばたの近くでしたかしら？　静かな、いい城下町でございましたネ」

とお答えになられた。そして伊藤少将も、

「宇佐空は教育部隊の環境としては、なかなかいい所でしたネ……」

と、さも宇佐の野趣を思い起こすかのような眼差しでそういわれた。

海、山、野、川、そして青い空。そこには人間の教育に必要な自然があった。〝武の神〟宇佐八幡まで歩いて四十分ぐらい。なにごとかといえば、すぐ朱塗りの宇佐神宮に参拝していたはず。食料は新鮮で豊富だし、山紫水明の地〝宇佐〟を思い出す海軍さんは多い。

戦後、今までお会いした何十人かの海軍さんたちが、〝宇佐空〟を思い出されるごとに、いい所だったといわれるし、また、親切にされた地元の人たちのことを思いだして、もうふたたび行くこともなかろうが、帰られたら宇佐のみなさまに、どうかよろしくお伝えしてほしいとの伝言を、多くの方たちからことづかっている。

横田曄中尉

その〝いい所〟宇佐の娘というので、横田曄中尉はあの時代のその人、水之江友子さんの人柄と面影が忘れられず、戦争が終わって復員した昭和二十一年、水崎の水之江（玉木屋）さん宅に、友子さんをもらいに行っている。

その横田中尉をおぼえているタクシーの運転手さんがいる。長洲町の近藤正利さんで、

「ああ横田中尉、スラッと背の高い、士官さん……戦争のはじまったころでしたネ、上陸した時、よく水崎までおのせしましたヨ」

横田中尉も、近藤さんをおぼえていた。

「転勤するときタクシー代を勘定したら、三百円もありましてネ。当時、豊洲館タクシーから水崎まで七円ぐらいだったかな……」

と、きさくに懐かしそうにそう語ってくれた。横田中尉は、あのころの宇佐空のことが忘れられないそうだ。お相撲さんのようにふとっている豊洲館タクシーの小母さん、土屋アキさんも忘れられない人の一人という。

おだやかな山河風物、そして心にとけ込む人々の心、それは〝ハイデルベルヒ〟の思い出にも似た青年の甘い香りであろうか。

そのころは宇佐空にとっても栄光の時代だった。

㈤ 戦局は空……猛訓練 ——加藤飛曹もやがて出撃

〝宇佐空〟が開隊したのは昭和十四年十月一日。〝大分空〟がその前の年の昭和十三年十二月十五日。佐伯空はさらにその前の昭和九年二月十五日の開隊となっている。宇佐空にいた

海軍さんたちも、開隊当時から昭和十七年ごろまでいた人たちは、みんな〝宇佐〟を、〝心のふるさと〟のようになつかしがってくれる。

だが、終戦の年の四月二十一日の悲劇を知らない人たちは、その日、宇佐空が、B29機の空襲で壊滅して、何百人という人たちが戦死したなんて、ウソのように思えるらしい。海軍記念日（五月二十七日）に隊を開放して、満艦飾の日の丸や軍艦旗の下で、地元の人たちと二人三脚やパン食い競争に興じたことのある、よき時代の宇佐空を知っている人たちには、たしかに夢のようであろう。

その宇佐空に、なんとなくきびしい空気が流れはじめたのは、司令が伊藤良秋大佐から三浦艦三大佐に変わってからである。伊藤大佐は開戦時、高雄空（台湾）から中型攻撃機を飛ばして、フィリピンに先制攻撃（昭和十六年十二月八日、高雄空は濃霧におおわれて作戦困難な状況にあったが、決然と空襲を決行し、初戦の勝利を飾った）をかけ、短時日の間にフィリピン攻略を成功させる足がためをされた方だ。

三浦大佐は、昭和十七年から昭和十八年にかけて、あのガダルカナル島にはじまる敵のはげしい反攻を、前戦基地でじかに体験、初戦の夢を一挙にさまされ、第一線の実情を、その眼で見てきた方である。だから、南太平洋で搭乗員の少なくなった宇佐空の司令に転勤しているため、練習生に対する訓練は猛烈をきわめたらしい。

事実、六次にわたるブーゲンビル島沖航空戦では、それまでの優秀な搭乗員が、みるみるうちに戦死していった。したがって、攻撃をかけるにしても、熟練をかさねた搭乗員同士でペアを組むことさえ、困難な状態になった。操縦を古参がやれば、偵察を新人でというぐあい。しかも連日の空戦で、飛行機の数は減っていく。飛行機と搭乗員のことを思うと、暗澹となるほど、南太平洋の消耗戦ははげしかった。だから宇佐は、一日でも早く、一人でも多くの搭乗員を育成しなければならなかった。三浦大佐の口が引きしまってくるのも無理はない。

そのころ、加藤恒康練習生も、やっと艦爆の操縦がうまくなってきた。昭和十五年、旧制宇佐中学から予科練に入隊し、霞ヶ浦で基礎訓練をうけ、宇佐空で最後の仕上げを急いでいた。艦爆練習生の仕上げは、急降下爆撃である。

飛行機が三〇〇〇メートルの上空から、目標めがけて四五度の角度でつるべ落としに降下していく。一五〇〇メートルぐらいになった時、操縦桿を引きおこすが、機は加速がついているのでグングン落ちていく。泥絵のような大地がせまってくる。気圧の急激な変化のため、目がくらみ、耳が鳴り、鼻血を出すこともある。このまま地獄の底かと思っていると、地上一〇〇〇メートルぐらいのところで機首がかえる。

まさに命がけ。強い重圧がかかるので、水中にいるように息苦しい。だが、目標めがけて突っ込むのだから、命中率はたしかだ。

地元の人たちの中で、急降下爆撃の時のあの一種異様な、唸るような爆音が空にこだまして、しばし驚かされたことをおぼえていた人も多いことであろう。

中津の三百軒に行くと、沖に赤灯台や、台座が見える。赤灯台は、あのころ艦攻の雷撃目標に使われ、台座は急降下爆撃に使われていた標的のなごりである、戦後二十年たったいま、なお残っているそれらのものを見ると、いっそう〝夢のアト〟がしのばれて、さざ波が寄せてくるような感傷にひたされる。

ラバウル基地の加藤恒康一飛曹（中央）〔加藤長子氏提供〕

練習生教程を終えて、加藤恒康三飛曹は佐伯空に編入され、そのまま南太平洋に出撃した。

加藤三飛曹が佐伯空を発つ朝、前の晩から泊まりがけで面会に行ったお母さんの加藤スマさんと、叔父の上條一郎さん（故人）は、面会室で長いこと待たされたが、出撃直前に四、五分間の面会が許された。なにも語るひまもなかった。

「ただ、恒康のほしがっていた白いマフラーを届けただけでした」と、スマさんは語っている。

親孝行な加藤三飛曹は、両親に手紙をよく書いていた。とても二十歳とは思えない達筆である。その加藤二飛曹（昭和十八年五月一日付けで進級）は、昭和十八年三月二十八日、南太平洋で戦死した。

ちょうどそのころ、やはり南太平洋ラバウル基地に、郷土出身の勇ましい男がいた。

㈥　兄弟のように仲よく――山本技手と宮本飛曹

宮本公良三飛曹は幼い時、内国航路の船長をしていた父をなくした。まもなくして母もなくして孤児になった。伯母にあたる都留ハルエさんが、公良君を引きとったのはいつごろだったろうか？　柳ヶ浦では、もう背の高いやせがた、マユのくっきりと美しかった宮本三飛曹をおぼえている人は少なくなった。

当時から彼は有名だった。小学校の時から新聞配達。毎日、新聞をタンネンに読むので理屈が好き、いきおい学業もよくできる。中学に入学したかったが事情が許さない。担任の松山喜作先生（現在、四日市町在住）がずいぶんめんどうをみた。彼が予科練に行く気持ちになったのも、松山先生の影響が大きかった。

昭和十三年、三洲尋常高等小学校（いまの柳ヶ浦小学校）を終えると、柳ヶ浦町役場に小使いとして勤務、のち山本技手（当時、呉海軍建築部技手）のツテで、宇佐空建設事務所に用務員として勤めるようになった。当時、田んぼをつぶして飛行場にする作業をしていた山本技手は、仕事のヒマな時、予科練志望の宮本君に数学の問題を解いてやっていた。宮本君はそのような山本技手を、兄のように慕った。まもなく〝宇佐空〟が開隊したが、それと同時に宮本君も、霞ヶ浦海軍航空隊に入隊（当時、予科練乙一二期生）した。

二年余の基礎訓練と、赤トンボ（九五式一型練習機）の練習教程を終えて昭和十七年夏、

宮本久良二飛曹

宮本君は大分海軍航空隊に戦闘機練習生として配属された。まだジョンベラの一等飛行兵であった。〝大分空〟での戦闘機の訓練は猛烈をきわめた。宙がえり、横転、キリもみなど、大分川がななめになるかと錯覚されるほどすさまじい訓練だった。

その年も押しせまった暮れ、宮本一飛兵は大分空での課程を修え、そのまま南太平洋へ出撃した。出撃の時、大分空に従兄の都留進さんが、白いマフラー（四日市町木下織物店が徹夜で織った）を持って見送りに行った。当時、南太平洋では骨身を削られるほどの死闘がつづけられていた。そのころ、内地から出撃するといっても、硫黄島――テニアン島――トラック島――ラバウルと第一線基地までの空輸は大変であった。

その大任をおえて無事、ラバウル基地についた時、彼は二十年の宿願が達成されたかのような感激におそわれた。先輩や、かつての教官たちも、この若い紅顔の美少年をよろこんで迎えた。その時、彼の肩をたたく一人の男がいた。

「？……」とふりかえった彼は、驚きのあまりことばがでなかった。この人に、まさかこんなところでめぐりあうなんて、思いもよらなかった。白い歯をみせてニコニコ笑っている人に、

「山本さん！……」と、彼はこたえて、両手をかたく握りしめた。四年前、宇佐空建設事務所時代にお世話になった山本技手である。彼もやはり基地建設

のため、この第一線まできていたのだ。二人はさっそくビールで乾杯した。

翌朝、ヤシの葉にかこまれた南海の海辺は、朝の太陽にかがやいて絵のように美しかった。

〝もし戦争がなかったら、伯母たちを呼んで見せてやりたい〟とも思った。すると、突然、けたたましいブザーの断続音が耳をつんざくように鳴りひびいた。

〝敵機来襲！〟

宮本公良三飛曹は一瞬、血が逆流するほどの緊張を感じた。

〝零戦隊発進！〟

ついにきた。待ちに待った日だ。彼は零戦に飛び乗った。機はグングン上昇していく。高度五〇〇〇メートル、宮本機は上空で敵機を待ちぶせた。

やがて戦爆連合の敵機が侵入してきた。はじめて見るグラマンF6Fの姿である。機数五〇機、敵はトンビのようにかるがる低空に降りては、味方基地に銃撃をくわえていく。瞬間、彼はムラムラと敵愾心（てきがいしん）がわいてくるのを押さえきれず、「畜生！」と、歯ぎしりした。その時、地上の味方機に銃撃をあびせ、ゆうゆうと機首を引き起こすグラマン一機があった。彼はそのグラマンに〝機〟を感じて、ハヤブサのようにおそいかかった。

点灯された照準機にグラマンの機影が映った。一〇〇メートル、五〇メートル、グラマンとの距離はグングンせまってくる。

〝今だ！〟と思って彼は、必死になって二〇ミリ機銃のレバーを引いた。発射される弾の振動が、ズン、ズンと体に伝わってくる。グラマンに吸いこまれるように飛んでいく曳光弾が、まるで火矢のようだ。

敵は、宮本機をふりはなそうと、傷ついたトンボのようにもだえた。旋回し、横転し、上になり下になり、何としてでも宮本機をふりはなそうと、必死の形相だった。

加藤一飛曹、宮本二飛曹の合同慰霊祭。この講堂も４月21日の空襲で壊滅した

宮本機は若鷹のようにグラマンにピタリと食らいついて、二〇ミリを撃ちに撃つ。だが、残念ながら新参の悲しさ、なかなか命中しない。

その宮本機の初陣の模様を、山本技手は地上からハラハラしながら見ていた。一瞬、もつれた二機が、音をたてて紅蓮の炎を発した。山本技手は〝やられた！〟と思った。だが、煙がうすれてくると、ゆうゆうと旋回している宮本機が現われたのでホッとしたという。

この日の戦闘で、敵機は内地から空輸されてきた新手の零戦隊に、ほとんど撃墜されている。

それから約半年にわたる宮本三飛曹（昭和十八年五月一日進級）の奮戦があるが、それは後日に譲るとして、昭和十八年六月十九日、勇敢なる戦闘機乗りであった宮本三飛曹は、ベラ・ラ・ベラ島沖で、二十歳の短い生涯を、南溟はるか、わだつみの彼方に没したのである。

(七) ついに〝特攻基地〟に ――艦籍簿から消される軍艦名

そのころ、一般人には何も知らされなかったが、南太平洋では、大変な苦戦がかさねられていたわけである。山本五十六連合艦隊司令長官が戦死されたのも南太平洋で、当時、ブインの基地にいて〝長官戦死〟の一報を一番早く知ったのは、井上泰雄飛曹長である。

昭和十八年四月十八日午前十時ごろ、零戦一機が一直線に飛んできた。機は飛行場を旋回もせず、いきなりバンクして不時着した。それは、ラバウルからブインに向かう長官機の直援戦闘機であった。

この日、米南太平洋艦隊司令官ハルゼー海軍大将は、無線通信を傍受して解読し、山本元帥が四月十八日七時三十分、ブイン飛行場に到着する予定を知っていたのであった。敵はヘンダーソン飛行場(ガダルカナル島)から戦闘機P38一六機を発進させ、超低空で長駆飛行、飛んでくる山本長官を待ちぶせて撃墜したのである。その悲報を、零戦搭乗員から聞いた時、井上飛曹長は暗然としたという。

昭和十七年八月七日からはじまる南太平洋での戦闘が、一年半にわたってつづけられた挙句、ついに敗退、その間、宇佐空や大分空で育てられた搭乗員八〇〇〇人の生命が、ツユのように消えてしまった。

この消耗戦で、かけがえのない搭乗員や飛行機を失った（飛行機損害七〇〇〇機におよぶ）航空艦隊は、南太平洋を敗退してから、その落勢は日に日に早く、パラオを抜かれ、サイパン落ち、昭和十九年秋、連合艦隊が乾坤をかけての〝レイテ海戦〟も、制空権を完全に敵におさえられての出撃（第二艦隊〔戦艦〕大和、武蔵、長門、金剛、榛名、日向、伊勢、山城、扶桑。〔重巡〕愛宕、高雄、摩耶、鳥海、妙高、羽黒、熊野、鈴谷、利根、筑摩、足柄、那智、最上。〔航空母艦〕瑞鶴、瑞鳳、千歳、千代田、ほかに軽巡六隻、駆逐艦三一隻が出動）では、〝夏の虫〟にもひとしかった。この海戦で、不沈艦とうたわれた戦艦「武蔵」（排水量六三、七〇〇トン）をはじめ「愛宕」「摩耶」など三四隻の戦艦や巡洋艦を撃沈され、事実上、連合艦隊は潰え去ってしまった。

庁舎前の宇佐空理事生。前列左から３人目が井上嬰子氏

そのころ、宇佐空に理事生として勤務していた井上嬰子さん（長洲町在住）は当時、艦籍簿の整理を仕事としていた。艦籍簿というのは、艦艇の型、容量、性能などがくわしく書きこまれた軍艦の人名簿みたいなもので、

日本海軍の現有勢力は、それをめくれば一目瞭然であった。

ところがその時、呉鎮守府からくる電報は、民間人でも知っている有名な軍艦が、ボカボカ沈められる情報ばかり。「武蔵」「愛宕」「摩耶」など、井上さんは三四隻にわたるカードにバツ線をひかなくてはならなかった。残り少なくなっていくカードの数は、日本の運命を象徴するかのようで、線を引くたびにハッと胸をつかれる思いだったという。

レイテ海戦は、太平洋戦争はじまって以来の悲しい戦いであった〝捷一号〟作戦命令(1)基地航空部隊は約七〇〇カイリの遠方に索敵し、これに雷爆戦を加え、敵が接近すれば陸軍機と協同してこれを水際に撃滅する。(2)艦隊はブルネイ湾〈ボルネオ北部〉に集結して待機、情報次第出撃して敵の護送艦隊と船団を洋上に捕らえて撃滅する。(3)万一遅れて敵が上陸開始後の時は、全軍港湾内に強行突入して撃滅する。(4)小沢中将の航空戦隊は瀬戸内海から出撃、南下して敵機動部隊を北方に誘導、栗田隊を援護する)による連合艦隊のレイテ湾なぐり込み作戦も、情勢はすでに傾き、台湾沖航空戦では、第五航空艦隊の飛行機五二〇機を失い、フィリピンにあった第六航空艦隊も、相つぐ空襲で損害は予想以上に大きく(四四一機が撃墜された)、フィリピン基地には機種混合で、わずかに一五〇機しか残っていなかった。

第六航空艦隊司令長官大西瀧治郎中将(昭和二十年八月十六日に自決)が、涙をのんで特攻出撃を決意したのも、このようなせっぱつまった情勢からであった。一死回天を願った関行男大尉にはじまる特攻出撃を嚆矢に、ぞくぞくと若い日本の若人の生命が、祖国の悠久を祈ってみずから死地をもとめていく。戦争で、これほど悲惨な戦術があろうか。おそらく後世の人たちも、身をきざまれる思いで、特攻隊出撃の模様を子孫に語りついでいくことであろう。

連合艦隊がレイテ湾で壊滅してから、戦局は急速に悪化した。

大本営で、アメリカの次の進行地点が硫黄島、そして沖縄と想定された時から、九州の各基地は急に緊迫度を増し、戦場と化していった。練習航空隊であった宇佐空も、特攻基地として第十航空艦隊に編成（昭和二十年三月一日付）され、一部が鹿屋基地に進出、野分がざわめくようにあわただしくなってきた。そして宇佐空の終焉は近づく。多くのエピソードや悲劇もまた、この時が一番多いのである。現存している特攻隊勇士、加来準吾飛曹長（現在、中津市で旅館銀水を経営）に、そのころの緊迫した様子を聞くことにしよう。

(八)　加来、先にゆくぞ！——出撃決まる八幡護皇隊

加来準吾飛曹長は宇佐町出身（宇佐神宮神橋たもとの加来みやげもの店）、旧制宇佐中学を中退して予科練を志願、八期生（昭和十二年入隊）となった。〝宇佐空〟は昭和十五年に艦攻の練習生として練習時代をすごし、終了と同時に航空母艦「飛龍」に転勤した。そこで〝月月火水木金金〟文字どおり休みのない猛練習をかさね、一流のパイロットになった。その後、教員時代、教官時代と前後三回の宇佐空勤務。そのつど戦地と宇佐空を往復している。飛曹長になって三たび、宇佐空にきた時は、太平洋戦争も敗色濃く、九州にも破局の波がヒ

タヒタと押しよせてきたころであった。

昭和二十年の三月、宇佐空も第十航空艦隊の一基地として新しく編成され、特攻前線基地である〝国分空〟〝串良空〟〝鹿屋空〟（鹿児島県）の中継基地となった。一式陸攻隊、桜花隊、銀河隊、彗星艦爆隊が、赤穂義士討ち入り前夜のように勢ぞろいしてやってきた。「神風特攻隊」がぞくぞくと編成され、それらの特攻機は、敵機動部隊を求めては宇佐空基地を飛び立っていった。

もう〝悲壮〟とか〝壮烈〟とか、美辞麗句をつらねてことあげする時ではなかった。とにかく、勝たなければ自分たちがやられ、祖国が、郷土が、ふみにじられるだけなのだ。敵はすでに九州の一角、沖縄にアイクチを突きつけている。若い海軍兵学校出身の士官の中には、一人一殺の特攻出撃を司令に上申、宇佐空の中は、異常なエネルギーで充満していた。

艦攻隊隊長山下博大尉は、その中の一人、もう胸の中では、部下の人選も、指揮官機となる自分の飛行機のペアも決めていた。それは〝艦攻隊で一番ウデがたつ男〟。山下大尉は、その男が加来準吾飛曹長であることも、早くからわかっていたのだが……。

〝でも……加来飛曹長には、新婚早々の奥さんがいる。年老いたご両親もいた。宇佐神宮参拝の帰り、彼の家の店先で、お母さんがアメを作っている姿もチラッと見た。彼が死んだら、あのお袋さんがどんなに悲しむことだろう〟

フト山下大尉はそう思った。ご両親や奥さんの顔を知っているだけに、心の中にかさなってくる想念を、どう処理しようもなかった。

〝しかし祖国存亡の時である。一片の私情にかられて、どうして「悠久の大儀」に生きることができようか？　海軍兵学校三年の間、みずから求めて学びとったものは、そのことではなかったか？〟兵学校学生五訓の〝至誠ニモトルナカリシカ〟〝言行ニハズルナカリシカ〟……彼は静かにその一節をくちずさんでみた。そして大きく深呼吸し、加来飛曹長を呼んだ。

ブーゲンビル島沖航空戦での奮戦が過労になったか、このところ加来飛曹長は健康がすぐれなかった。動悸がする、足がだるい、ときどき目まいさえ感じる。飛行機乗りが目まいなど起こしたら、それこそたいへんなのに、これは一体どういうことなのであろうか？　宇佐空に転勤してきてからも、いっこうに回復のキザシは見えない〝この期におよんで〟と、彼は体の変調を不審に感じていた。加来飛曹長が山下大尉に呼ばれたのは、ちょうどそのような時であった。

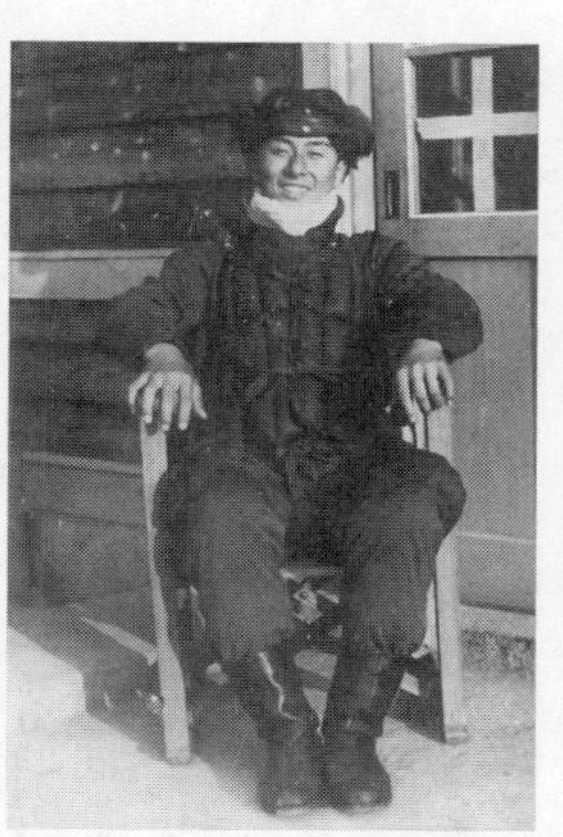

加来準吾上飛曹〔本人提供〕

隊長室には、山下大尉がひとり飛行服のまますわっていた。加来飛曹長は、何事かと思って山下大尉を見た。山下大尉はおもむろに日の丸の旗をひろげた。見ると〝特別攻撃隊八幡護皇隊〟と書いてあった。加来飛曹長は一瞬、胸の中がグラッとゆれたかと思うと、全身が火のように熱くなってきた。そして真っ先に妻の顔が浮かんだ。

特攻出撃！　そして死！　やはり自分は、みずから死ななければいけないのであろうか？　それこそ一死ささげる日のあることは、常に覚悟している。それなのに、死地はみずから求めて選ぶべきなのであろうか？　いまになって、それも至上命令！　隊長室を出て、彼は黙想を重ねた。

〝立派に死んでやろう〟

約一月、慎重な訓練をつんだ。しかし四月、加来飛曹長は八幡護皇隊の編成を前に、病に倒れた。四月六日（菊水一号作戦）と出撃の決まった日、山下大尉は宇佐神宮に参拝、帰路、療養している加来飛曹長の生家に立ち寄り、〝先にゆくぞ！〟の一言を残している。

その夜、山下大尉は死ぬ前に、どうしても一度会っておきたいある人があった。彼はその人に電話をするため、受話器をとった。

「今夜八時、料理屋の〝うれしの〟にきてほしいんです」

(九)　特攻出撃の前夜——山下大尉、突然デートの申し込み

山下大尉からの電話が終わって、受話器をおいた三木好子（現在、長洲町在住。仮名）は、

〝これは一体、どういうことなのであろう？〟と、やぶから棒のデートの申し込みにとまどった。

〝うれしの〟といえば、この界隈(かいわい)でもちょっとした料理屋である。新鮮なサカナを材料に、

昭和20年、宇佐空の練習生たち――前列右から５人目が山下博大尉、続いて大宮雅一郎飛行長、直井俊夫司令〔加来準吾氏提供〕

素朴な季節料理が看板だったので、海軍さんたちから重宝がられていた。しかし好子はまだ二十歳そこそこ、そんな料亭なんかで、相手がたとえ軍人だとはいえ、いっしょに食事などしたこともなかった。

それに山下大尉とは、格別親しい間柄でもなかったし、ただ庁舎の廊下で、ときどき顔を合わせる時、軽い黙礼をかわす程度のあいだでしかなかった。肩幅の広いタッパ（背丈）のある、見るからにエネルギッシュな体つきは、軍人の典型として尊敬する以外、好子の心には、そう特別に意識されてはいなかった。それが「今夜八時〝うれしの〟まで来てほしい」と、山下大尉から指名してくるなんて、〝一体、ナンなのだろう！〟

好子は、考えれば考えるほど不安がつのった。彼女は心あたりをいろいろと思いめぐらしたが、それらしい片鱗も思い出せなかった。だが、家

への帰途、長い庁舎の廊下を通りながら、フト心に気づくあることを思いだした。それは一

週間ほど前、艦攻隊の米山茂樹飛曹長に士官次室で会った時、いきなり妙なことばをかけら

れたことである。

「隊長が、君に写真をさしあげたいといっていたぜ」

たしかに人のウワサでは、私と山下大尉とのことを変にウワサして、隊内にゴシップを流

していいるらしい。しかし、いまさら私が、山下大尉とどうしようっていうんだろう。私には

もう許婚者があって、結婚する日どりまで決まっているというのに……。そう考えて、好子

は気をとりなおした。そして〝あの人には会うまい〟と思った。

だが、医務室で、山下大尉が明日出撃という情報を聞いて、さすがに足がクギづけされた。

私とは何の関係もない人なのだが、〝しかしあの人が死ぬ。あの電話の主が特攻出撃だなん

て……本当だろうか？……〟

そう思うと、彼女は何か借りものをしたような重圧を、心の中に感じてくるのだった。そ

して〝今夜、お会いしてあげよう〟と思った。祖国のために、明日はいなくなる人だ。そう

することが、せめてもの、特攻の勇士に捧げる大和撫子の情であろう。好子はそう決心して

から、母の美代に山下大尉のことを打ちあけた。美代は突然のことなので、しばらく黙念と

して編物のカギ棒を動かしていたが、ポツンとつぶやくようにいった。

「好子!……行っておあげ」

「………」

「私もお目にかかろうね。特攻の方だもの」

〝うれしの〟では竹の間に通された。美代の顔見知りの女将こまん（現在、別府市で旅館「うれしの」経営）がこぼれるような愛嬌をふりまいた。好子たちがお茶をすすっていると、長身の山下大尉がはいってきた。ざぶとんをはずして一礼すると、彼ははずかしそうに「ヤッ」といった。酒を飲み始めてもしゃべらないし、歌わなかった。時どきコップの酒を、グッとひと息に飲むだけ、子供ッぽい目に笑みを浮かべて、女将のおしゃべりを聞くだけだった。好子は、これが明日死ぬ人の顔なのであろうかと思うと、急に悲しくなって涙があふれそうになった。彼女はそっと座をたった。その時うしろから、

「三木さん！」

と、山下大尉の声がした。

㈩ 大尉の目に涙一筋 ——これで思い残すことはない

好子がおどろいてふりかえると、山下大尉は好子の手をとらんばかりに立ちあがってきた。

「好子さん！　お袋さんも聞いてくれ！……オレは君が好きなんだ。好きなクセに好きだといえない。オレはブコツ者さ。でも……こんな男がいたということだけは、おぼえておいてくれよな。オレは明日、出撃する。朝六時半、一五機をつれていく。風防から手を振った時がこの世とのお別れ……二十六年の生涯、短くもあり……長くもあり。ありがとうよ、あり

がとうよ三木さん。君とはね、一度こうしてお話したかった……これで、何も思い残すことはない。本当にありがとう……」

好子を見つめる山下大尉の目から、一筋の涙が流れた。こまんがそっと、彼の手をとってやった。あたたかい手だった。酒のせいか、太い動脈をながれる脈搏が、こまんの細い指につたわった。

〝この若い生命が、明日は祖国のために散っていく〟そう思うと、こまんも感慨が胸にせまった。だが、彼女は涙を隠して、いつまでもいつまでもその腕をとってやるのだった。

その夜、家に帰っても、母子はまんじりともできなかった。

翌朝、桜の花の一枝を持って、好子は飛行場にかけつけた。しかし、彼は滑走路の遠くにいて「非理法権天」の旗をなびかせているだけだった。やがてエプロンで隊型をととのえ、米山飛曹長の操縦する山下機から離陸しはじめた。特攻機はつぎつぎに大地を離れて沖縄に向かっていく。飛行場上空を大きく旋回すると、山下機はバンクして針路を南にとった。四〇機（艦攻一五機、艦爆二五機）の編隊は、みるみるうちに豆ツブのように小さくなった。そして完全に見えなくなってしまう。

庁舎に帰ってから、好子は昨日からのアラシのような出来事を思いかえした。すると、不思議にそれは、何年も前のことであるかのように思われ、本当の恋人は、あの人ではないかと思われるような錯覚にとらわれた。そして人の運命を、目の前に見せつけられて、やがてせまってくる運命の象徴を、自分たちのものとして感じないわけにはいかなかった。

昭和20年４月、八幡護皇隊出撃前。右端が瀬島基太郎大尉、隣は松場進少尉

山下大尉からの連絡は、それから二時間ばかり続いた。だが、目的地の慶良間列島が近づくころ、〝われエンジン不調！〟の無電がはいってきた。通信室の岩金兼男兵長（四日市町在住）は、全神経をレシーバーに集中させた。そして何度も何度も呼出しの信号を送ったが、山下機からの連絡はそれっきりとだえている（この日、空母サン・ハーシント大破、ほかに駆逐艦一二隻に損害を与えた）。

夕方、山下大尉の居室がかたづけられた。だが、従兵の一人は、なぜか机の上の写真立てだけを残した。その写真は、士官室の前の庭で、バレーボールに興じている理事生の一人、三木好子の姿をかくしどりしたものであった。従兵は山下大尉が出撃する朝、

「この写真をあの人に渡してくれ！」

といわれたことを覚えていたからである。

山下大尉は海兵出身、軍人精神にこりかたまった士官だった。

一方、宇佐空には当時、一四期予備学生（昭和十八年十二月十日、徴兵猶予中止にともない、学業途中で入隊した学徒兵）が、飛行学生として教育期間を過ごしていて、ことごとに海兵出身者とは対立したらしい。山下大尉が艦爆の予備学生たちに〝特攻志願する者は一歩前へ出ろ！〟といった時、一人の志願者もなかったので、激怒したという話も残っている。一四期の予備学生というのは、学業途中で戦争にかり出されたので、シャバに未練がたっぷりだったし、またかならずしも、支那事変以来の軍のやり方に共感できなかったので、みずから生命を断つことに批判的な者が多かった。阿川弘之氏の「雲の墓標」の中では、その間の事情が克明に書かれている。「雲の墓標」に資料を間接的に提供した須崎勝彌（現在東京都杉並区在住・シナリオ作家）さんも、海兵対予備学生の対立のはげしかったことを否定しなかった。それは今日でも、決していえることのない、かなしい傷あとである。

(十二) 〝京人形〟道づれに ——静かに来た八月十五日

山下大尉出撃のあと四月十二日、菊水二号作戦が実施され、芳井輝夫中尉の指揮する「第二八幡護皇隊」が出撃した。予備学生から艦攻六名、艦爆一三名が指名された。その中に須崎勝彌少尉の戦友、堀之内久俊少尉がいた。堀之内少尉は、台北高校から東大法科に在学中、学徒で出陣。そのため台湾にいる両親には、かれこれ三年も会っていなかった。

その堀之内久俊少尉や須崎勝彌少尉など、多くの予備学生たちを自分の子供以上にめんどうをみた篤志家がいる。長洲町金屋、元庄屋の由緒深い家を守る南節子さんで、ことし八十一歳。今まで特攻隊の方たちの命日がくると、ご灯明をあげて菩提（ぼだい）をとむらうという。現在、子供や孫たちが全部都会にでて、家の留守をひとりで守り、余生を静かに送られている。

節子さんが現在、思いだすことといえば、二十年前のあのころのこと。上陸ごとに大勢の予備学生がきて、物の少ない時だったので、ボタモチやオハギを作ってやると、子供のように歓声をあげて喜んで食べたという。

そのころ堀之内少尉たちは、節子さんの家に疎開してきたお孫さんのナオミちゃんたちとも親しくなり、〝お山の杉の子〟を歌ったり、金屋台の切り立った崖をよく散歩した。月おくれのモモの節句の夜、五人ばやしの横にかざってある可愛い京人形を、堀之内少尉はどうしても所望してきかなかった。

「小母さん、あの京人形、ほしいな」

「どうするンです？　あんな女の子の持つもの……それに、あれはナオミちゃんのお人形さんですよ」

と節子さんがいうと、

愛機の前で日本人形を抱く、出撃前の堀之内久俊少尉〔野村つね子氏提供〕

「死ぬ時、いっしょにつれて行きたいんだ」

堀之内少尉は笑っていった。その時、節子さんは冗談かと思って、〝ハイハイ〟といいながら、京人形を堀之内少尉にわたした。まさかそれが最後になるとは、思ってもみなかったのだ。堀之内少尉は十二日朝、串良空から京人形を抱いて飛び立っている。節子さんは堀之内少尉のその時の話を、昔話を語るように静かな調子で語ってくれた。そして帰りぎわ、

「ちょっとお待ちくださいませ。これを世に出してくださいな。堀之内さんの辞世の歌ですよ」

と、古びた黒表紙の綴りをさしだした。見ると二十年前のある日、若い勇士たちがのこした歌である。

君がためただひたすらに進まなむ
　桜とともに散るぞうれしき

そのあとに節子さんも、献歌を捧げている。

三歳（みつとせ）を絶えて逢わぬ父母の
　います家路に戦友（とも）は散りゆく

節子さん八十一年の人生をとおして、その脳裏にもっとも鮮烈に焼きついて離れないのは、やはり特攻出撃のあの時のことであろう。

つづけて四月十六日、菊水三号作戦で、宇佐空からは「第三八幡護皇隊」が出撃した。石見文男中尉以下三一名の若い生命が沖縄に散った（空母イントレピッド号が大破した）。以後、菊水作戦は六月三十日、第三竜虎隊（一三二空）の第一〇作戦による出撃をもって終わりをつげる。

その間、使用した飛行機延べ二八六七機（うち沖縄戦線九〇二機）、散華した尊き犠牲二五二九名。何という悲惨さであろうか。なんど思いかえしても、怒りに体がうちふるえ、悲しみに心がうずく。こうなる前に、もっとなにか打つ手はなかったものか？　今となってはセンなきこと。ただただ散華した人たちの冥福を祈るばかりである。

沖縄が陥落（昭和二十年六月二十三日）してから、つぎは〝九州〟。敵はピタリとわれわれの胸元にアイクチを突きつけてきた。血迷った軍部は本土防衛のためといって、七月にはいってから特攻機五〇〇〇機（うち海軍機三五〇〇機）を用意した。宇佐空に作られた掩体壕は、この時のもので、宇佐郡はもちろん、下毛、西国東（くにさき）の両郡や各中学校、女学校からの勤労奉仕隊がぞくぞくと編成されたのもそのためである。

八月にはいって暑い日がつづいた。七日、宇佐空は、戦爆連合の二一機に襲われ、掩体壕の多かった畑田（はたけだ）附近（駅川町）が火の海となった。

そして八月十五日。この日は朝から不思議に静かだった。何ヵ月ぶりであろうか？　国東半島も、御許山も、八面山も、沈んだように静かな朝焼けをむかえた。

(十二) 飛び立った艦爆三機——宇垣長官も乗り込む

この日は朝から不思議と警報の発令がなかった。第八監視哨につめっきりの清長忠直哨長(現長洲町在住、長洲中学校教諭、日輪寺住職)は、何ヵ月ぶりかで心の緊張をといた。

「静かな朝だ!」

朝日にきらめく周防灘の海面は、鏡のように静かだった。清長哨長は五年前、北支の戦線で経険した、いくさの合間によくある戦場の〝静寂〟を思い出していた。でも、あのときは勝ちいくさで、人々の心にもユトリがあった。いまは……敵の完全な制空権下で、警報のないときを、こうして休んでいる。何という変わりかたであろうか。

柳ヶ浦も五回(昭和二十年三月十九日、四月二十一日、五月七日、五月十四日、八月七日)にわたる無差別爆撃を受け、徹底的に破壊された。敵の艦載機が低空におりて町民たちに機銃掃射をあびせるさまは、まったく非道の沙汰で、サディズムとさえ思えるほどだった。その危険なあいだを、よくいままで無事でいたものだ。四月二十一日のあの日以来、家族も実家へ疎開させた。子供たちにも、もう長いこと会っていない。元気だろうか。戦場で、フト妻を思い出したように、ここでもまた子供を思った。

その時、突如、あたりをゆるがす爆音が聞こえた。みると、鉄路をななめによぎって国東

8月15日、沖縄特攻出撃前の第5航空艦隊司令長官の宇垣纒中将

半島へ向かう彗星艦爆三機であった。清長哨長は、ハッとわれにかえり、久しぶりに見る友軍機を眼鏡で追った。そして、大分監視哨本部に電話をおくった。

〝午前八時零分、彗星爆三機、大分方面に向こうもののごとし〟

そのとき、清長氏は、三機の彗星がなんのために飛び立ったのか知らなかった。

一方、八月にはいって、鹿屋基地から後退した第五航空艦隊の司令部は、〝大分空〟東南方の丘陵につくられた横穴防空壕の中にあった。この日の早朝、終戦を知った司令長官宇垣纒(まとめ)中将は参謀を呼んだ。そしてかねてからの覚悟を語り、特攻出撃の艦爆を用意するよう命令した。

「長官が、お乗りになられるのですか?」

参謀は、おどろいてたずねた。

「ウン……」

「長官！　それはいけません。決意のほどはよくわかります。しかし、長官は日本にとってかけがえのない方です。ご再考をお願いします」

「参謀！　軍人にはな、死に場所というものがある」

宇垣長官の決意は固かった。

参謀長山本親雄少将と、級友の城島高次少将は、三たび再考をうながしたが、長官の決意をひるがえすことはできなかった。むしろ二人は、その決意を淡々と語る宇垣長官に武人の心を感じるのであった。


命令はただちに起案された。

「七〇一空は艦爆三機をもって沖縄付近の敵艦隊を攻撃すべし、本職これを直率す」

一機は長官機、二機は直掩機であった。七〇一空といえば、〝三保空〟（島根県）を基地に持つ彗星の特攻部隊である。三月、宇佐空から三保空基地に転属していた中津留達雄大尉は、七月のなかば、江間保飛行長の計らいで、大分基地に派遣されていたのだ。

大分空では〝長官が出撃するなら自分も！〟と、特攻志願者が後につづいた。出撃にさいし、艦爆は二座なので、長官が偵察席に乗ると、偵察員は出撃をやめなければならない。驚いたのは後席にいる遠藤飛曹長。〝交代しよう〟という長官のことばに、ぜひともと出撃を願い出て、ついに同席ということになった。大分空は、一一機の特攻機をおくる人たちの決別の軍帽であふれた。午後七時二十四分、長官機は数多くの特攻隊員のあとを追って、武人としての最後をとげたのである（この特攻機により、水上機母艦テンダーが損害をうけたと米国側は発表している）。

支那事変以来、八年にわたる長かった戦争も終わった。柳ヶ浦町民はその夜、灯火管制が解禁されて、明るい電灯がともったとき、本当に戦争が終わったんだと思った。しかし、瓦礫と化した柳ヶ浦町からは、かつての栄光をしのぶよすがも残っていなかった。二十年の歴史は、そのことさえ、遠くへ押し流してしまったかのようだ。やがて将来、そのことを知っている人もいなくなってしまうときがくるだろう――。だが、戦争の悲劇の象徴が、この町にもあったことを、永久に忘れてはならないのである。

（「毎日新聞」大分版・昭和三十九年八月三日〜八月十六日）

エッセイ——遥かなる宇佐海軍航空隊

特攻基地と東京の人

「すっかり、かわりましたのね」

そういって、遠くをみる東京の客の瞳(ひとみ)には、かすかなうずきがあった。

駅舎も、道すじも、かつての特攻基地、宇佐海軍航空隊の面影を残すものは、いまの柳ヶ浦にはなにもない。

「どのあたりに、飛行場の格納庫が建っていましたかしら?」

客の、すこしかすれた声に、私は二十二年前を思い浮かべた。

「さあ……あのあたりでしょうか」

小川のふちに立って、三〇〇メートルぐらい先を私は指さしてみたが、畝(あぜ)のせにふきつけてくる強い北風に、小さな麦の芽がたえているだけだった。

「――あの日もやはり寒かったわ。あの人が、特攻出撃すると聞いたとき、私、東京から、夢中で追ってきたの。年がいもなく……でも、柳ヶ浦駅についたとき、あの人、もう出撃したあとだったわ。私、旅のつかれがいちどにでて、ベンチにたおれてしまって……」

五十路前だろうか、都会にすむ女の年はわからない。でも、ほそいかげのあるえりあしに、さかりをすぎた女の疲れが見えていた。

飛行場のあとには、一七〇柱の英霊の碑銘（ひめい）をきざんだ墓石がある。客は、そのなかの一つを指さした。

「Y中尉。……年下だったのよ。それに水商売の一人娘だったの……私。だから、結婚できなかった……」

でも、そのとき、客が身重だったという話を、私は母から聞いていた。Y中尉が、出撃する前の晩、母に、

「小母さん、女がたずねてきたら、これをわたして！」

といって、手わたしてくれたという猫目石のゆびわの話。

いま、碑銘に合掌する指にひかるゆびわは、Y中尉のおくった猫目石だろうか。

「夢のようね、なにもかも……」

つぶやくようにいう客の声は、さわがしくなきはじめたヒバリのさえずりに消されていた。

（「毎日新聞」西部〈夕刊〉版・昭和四十二年二月二十二日）

落日の見える丘

　ここは、昔、海が崖下まできていたそうだ。今では、崖の下から駅館川(やっかんがわ)の河口に、つきでた長い洲があって、そこには、長洲町といって、漁師町の聚落(しゅうらく)ができている。河口から少し溯(さかのぼ)ったところに、通称、ホキと呼ばれる台地がある。起つと、対岸の辛島田圃と周防灘の落日が、続き物の絵のように一望に見えて、丸山軍二は、ホキの上に、ホテルを立てることが夢であった。ホテルは、丸山が長洲町の町議会議長のときに建てた。周防灘がよく見えるので、望周荘と名づけたが、ロビーに自分の描いた四十号の油絵を掛けてあるのが自慢だった。

　町が合併して宇佐市になってから、人の動きも急にしげくなるし、市議会の同士を募って、望周荘の隣にボーリング場を建てた。丸山の、この二十六年の幸運は、あたかも、運を先取りしているかのようにさえ思えた。彼の齢は五十三歳。気になることといえば、右足が少し短く、引きずるように歩くことであった。妻の富江との間には、一人娘の直美がいて、直美は二十二歳。これも花で言えば盛りであろうか。

　夏も終わりに近い、八月の末のある日、丸山はボーリング大会を催した。直美が優勝をさらった。

〝俺がやって俺の出した商品を、俺の娘がさらっちまうなんて、ちょっと気が引けるわな。ワッハハハハ〟

　丸山の、顎をつきだして高笑いする癖は、議長になってからついた癖である。家で高笑いするときは、丸山のもっとも上機嫌な時であった。なるほど、この二十六年、すること為すこと、つきっぱなしだった丸山は、財も蓄えたし、彼の周囲にはいつしか取り巻きもふえ、直美の優勝を祝う会場は祝いの品で溢れた。中には〝議長！　今度は、県議会議員に立候補！〟と、胸肌をくすぐる手合いもいた。

　丸山は、落日の見える丘にいて、落日を仰ぎかえした平清盛の心境に、ふと、なることもあった。そんな絶頂の丸山に、眼帯をした案内人が寄ってきて、そうっと、耳打ちした。

〝⁉……大分から客⁉……大通の大沢一郎っていう男が……大通って、広告会社だったね〟といって、しばらく考えていたが、〝荻の間にお通ししなさい。……ボーリングの広告でもたのみにきたんだろう〟と、客の用向きを読んだ。荻の間は東側を壁に三方が窓だった。

〝やア、やア、大沢さんですね〟と、丸山はあたかも百年の知己のように客に声をかけた。初対面の人には、殊更、自分から大きな声で呼びかけるジェスチャーは、いつか、この町に来たことのある、ある保守派の党人の仕科(しぐさ)を真似てのことであった。

〃はい、急行で着きました〃

〃さっそくですが、用件を伺いましょう。私も忙しい躰(からだ)でね、今夜も会が一つある。……広告でしたら、係を呼びましょう〃

〃いいえ、今夜、お邪魔したのは、広告のことではございません〃

〃!?……広告じゃない、とおっしゃると〃

〃あなたのその短い右足のことで、ちょっとお尋ねしたいことがあったんです〃

〃……!?〃丸山は、彼の右足の短いことを聞かれて、忘れていたものを思いだした。ずうっと昔のことである。時には、丸山が生まれる前のことかとも、錯覚することがある。今は、足の傷のことさえ忘れるほど、彼の心も変わってしまった。

〃ミッドウェー海戦の生き残りとか……間違いありませんね。足首は、その時に負傷されたそうですが……本当ですか?〃

丸山は驚いた。そんな昔のことを知っている若い男を、何者だろうかと不審に思った。

宇佐空の隣を流れる駅館川の右岸のホキ（崖）

〝いかにも〟

〝実は私、大沢少尉の遺児なんです。私の父大沢利夫を、覚えていましょうか？〟

〝!?〟

〝お忘れになっていましたら、思い起こさせてあげましょう。……ほら、この窓から、一番よく見えるではありませんか、辛島田圃一帯、昔、宇佐海軍航空隊があって、特攻隊の八幡護皇隊が飛びたっていったところ……〟

〝……なるほど〟と、丸山は語尾を上げて言った。

〝その時、父の隊長になる人が、丸山軍二少佐、あなたというわけですよ。海軍兵学校六十五期。戦争に負けたからって、忘れたなんていったって駄目ですョ〟

丸山にとって、大沢一郎の質問は、内角をつく鋭い直球のようだった。ビシッときめられる球に、忘れていたものを思いだしてきた。

〝一つ聞きたいことがあるんです〟

〝なんだね、これ以上〟

〝八幡護皇隊を編成する時、あなたは、誰かの身替わりに、父を命じたって本当ですか？〟

丸山は早いドロップに不意をつかれた。

〝な、なんていうことを、君は言うんだ……〟

〝はい……母に聞きました……〟

〝ナニ!?……母ッて……？〟

〝母は宇佐空のクラブになっていた家の娘でした。柳敏子と言います〟

〝柳敏子……ふむ〟と、丸山は大きく息をはいた。

〝たしか、特攻の編成は、宇佐空から一コ中隊九機。その時、二少隊長機の園田中尉が、出撃直前、父大沢利夫少尉と入れ替わって、死をのがれた……〟

〝そ、そんな無茶なことってないよ君！〟

〝でも、園田中尉とペアを組んでいた、生き残りの一等下士が、戦後、私の家に尋ねてきましてネ。その人が教えてくれました。母はショックで、何ヵ月も寝こんでしまったのを、幼な心に覚えています〟

〝な、なんという下士官だ、そいつは！〟

〝さらに一つ。園田中尉に、特攻を止めさせたのは、園田中尉が海兵出だったからって、いうではありませんか〟

丸山の意識は、完全に二十六年前に引き戻された。

〝……悪かった。許してほしい。園田中尉の身替わりに、大沢少尉を命じたのは、この儂だ。しかし、海兵出身だから出撃を止めたなんていうことは絶対ない。……あの時は……ああするよりほかに仕方がなかった〟

〝なぜ！〟

〝大沢君、まあ聞いておくれ、ミッドウェーから帰ってきた儂は、しばらくは、生きている屍だった。ラバウル、ケンダリーと転戦して、やっと宇佐空に戻ってきた。艦爆隊の隊長としてね。……そして、クラブにいた君のお袋さんが、儂にとって、忘れられない人になっていたのさ、……柳敏子さんがね……〟

大沢は、丸山から意外な告白を聞いて、一瞬、動揺した。だが、まだ最後のきめ球を抛(ほう)らなければならない。

〝つぎに、戦後のことが聞きたい。あなたは、終戦の時、航空隊の資材をほとんど私物化したという話が残っていますね……そして鉄工会社を起こした……〟

〝私物化なんて、と、とんでもない！　一体、誰がそんなことを言った！〟

〝神です〟

〝ナニ⁉……神って、〟と、丸山の眼が踊った。

〝それから……あなたのつきについた戦後が、始まったというわけです。望周荘もボーリング場も、そのほか、幾つもやっているあなたの事業のすべては、帝国海軍の食べ残しのパンだった〟

〝違う。そりゃ違う。若い君たちには解ってもらえないかもしれないが、戦争に、敗けた時、儂はわしの躰を支えていた哲学が、いっぺんにくずれてしまったんだ〟

〝だからと言って、人の物を盗むなんて……〟

〝すまない……今は、悪いと思っている〟

虚(うつ)ろな長い沈黙が続いた。

〝丸山さん。どうしても気になることが一つあるんです。……園田中尉という人、今、どうしていますかね〟

〝……園田中尉かね、……カウンターにいた、あの案内係、眼帯をした男がそうです〟

〝えッ!?　あの眼帯をした……〟

驚いた大沢は、急ぎ足で階下に下り、ロビーに行って、右眼の悪い園田を見た。あいている左眼も、視力が衰えているようだった。でも、彼はその眼で、丸山の描いた四十号の大作に、眼を近づけて見ていた。

絵は雲海の上を飛ぶ、艦爆の見事な編隊だった。大沢は、その園田には、声をかけずに静かに去って行った。

さて、その、何分あとであろうか、荻の間の電話が鋭く鳴った。受話器をとった丸山の顔は、見る見るうちに驚愕の表情に変わった。

〝えッ!?……大沢一郎っていう大通の人が、広告の件で来るって?……〟

狐につままれたような丸山は、受話器をおく気力もなかった。彼の瞳は、人間の精を搾りとられた者のように虚ろになった。そして首をふって、

〝判らん判らん、何ンていうことだ。しかし、あいつ、神様って、言ったっけ。神様って、一体、何だい?　一体、何だい?〟

ほとんど聞きとれないくらいの呟きだった。その時である。突然、娘の直美が騒々しく入ってきた。後に取り巻きの若者が続いた。

〝パパ、ナニしけてんの、さあ踊った、踊った!〟

するとと、一人の男がテーブルに上がって、

〝丸山軍二、バンザイ!!〟

と、声をしぼって叫んだ。唱和があとに続いて荻の間をゆすった。だが、丸山の虚ろな眼は、周防灘にゆれる漁火(いさりび)に、生気なく向かっているだけだった。

(「アドバンス大分」昭和四十六年九月号)

単座複葉水上機

世の中には、不思議なことがいっぱいある。そもそも、私がその人と出合うこと自体奇縁なことなのに、こともあろうに三十八年ぶりに会ったその人から、大分バス先代社長佐藤恒彦氏との出会い話を聞くことなど、実に機縁なことだった。

今では、故佐藤恒彦社長が、大の機械マニアであった話は伝説的になっているが、故恒彦氏が、自動車エンジンの整備という持ち分をこえて、飛行機エンジンの修理をした話はそれ以上に有名である。その間のことを『大分県の産業先覚者』という本は、つぎのように書いてある。

「川西の水上機が春日浦でエンジンの故障を起こした。かけつけた佐藤には経験はなかったが、〝飛行機も自動車もエンジンの原理にかわりはなかろう〟と、大胆に手を下してみごと修理してのけた」

実は、私の会ったその人というのが、故恒彦社長と一緒に水上機のエンジンを修理した人なのである。名前は峰博信六十二歳。別府市の出身だが、戦後ずっと飯塚に住んでいる。私との出会いは、三十八年前、彼が宇佐海軍航空隊にいたときの、ほんの三ヵ月たらずの短い期間だったが、私は当時、少年期の多感な年頃であったし、お国のために働く「海軍さん」ということで、私には憧れの人だったのである。

機縁といえば、たった三ヵ月の交際でしかなかった峰さんが、三十八年ぶりに訪ねてきてくれたことに始まるが、その際、私が大分バスに関係しているということで、話が、まったく意外な事実を探り当てたことに、驚きもし、また嬉しくもなった。

昭和六年、満州事変に出征した大分連隊は、翌々年十月二日、船で大分港に凱旋することになり、地元では、さっそく歓迎準備が進められた。中でも新聞社は、郷土部隊を、当時「別府飛行研究所」に所属していた、ユニポールという単座複葉水上機（甲式三型戦闘機）に迎えさせようと計画した。

さて当日、部隊入港三十分前にユニポールを飛ばせる予定にしていたが、ペラがなかなかハネてくれない。船は近づく、時間はせまってくるはで、弱っていると、向こうから赤塗りのインデアン（自動二輪）が颯爽としてやってくるという。峰さんは、そのインデアンを停めて一礼した。事情を聞いた赤塗りの主は、即座に了解して、オートバイのキックと飛行機のエンジンを電線でつなぎ、連動することを思いついたようだ。

何度かキックしているうちに、ユニポールの排気管から、烈しい爆発音と共に黒煙が出たのである。夜、峰さんたちは、新聞社の好意で東洋軒に招かれた。その席で、峰さんは故社長にベタボメに褒められたのが、今でも忘れられない思い出になっているという。

その後、峰さんは出征。やがて昭和十五年夏、海軍を満期除隊になっている。その時、ふらっと大分市に出て、金洋堂という本屋の二階にあったレストランで食事をしていたら、突然、「峰君じゃないか」と声をかける人がいる。見ると社長であった。

「どうしているのかね……満期除隊になったのなら、僕の車を運転してみないか……」ということで、とりあえず、社長の自家用マーキュリー三十八年（V12気筒）の運転者になった。

二ヵ月後、佐賀関路線にドライバーの空きができ、路線バス（当時は日産の大型バス）の勤務になったが、一ヵ月くらいたったある日、鶴崎から帰ってみると、本社に赤紙がきていたので、挨拶もそこそこに再び戦場の人となった。峰さんはラバウルで終戦。兵曹長まで進んだが、戦後の混乱が人々の交流の妨げとなり、大分バスとの縁はあのままになっていたそうだ。

私も、この夏、峰さんとはまったく三十八年ぶりの再会となったが、懐旧談に花が咲き、話は尽きなかった。その時、四十数年前の故社長との出会いを、峰さんの口から聞くと、長い歳月の糸が一瞬ちぢまって、単座複葉水上機の英姿が幻となって眼の前をかすめるのは、機縁というよりほか言いようがなかった。

（大分バス株式会社社内報「あゆみ」昭和五十二年十月号）

〝お父さん、零戦なんか、いやしないじゃないか〟

私の郷里、宇佐市旧柳ヶ浦町にあった「宇佐海軍航空隊」（以下、宇佐空と書く）の空襲始末記を、「僕の町も戦場だった」と題して毎日新聞（大分版）に発表してから、もう、十五年になる。

あの空襲のときは――だから――昭和二十年四月二十一日の午前八時十一分のことだ。宇佐空は、B29二十七機の空襲にさらされ、その周辺の部落を道ずれに、壊滅的打撃をうけてしまった。

いまでもよく、〝あの日は、あなた、宇佐空にいたんですか?〟と、そんな問いかけをうけることが多いが、すると、〝ええ、高角砲をぶっぱなしていたんです〟とでも、私が答えれば、質問者の多くは満足し、安堵の表情を示してくれるであろうが、残念ながら、そのときは、陸軍士官候補生として、東京大橋（目黒区）にあった「陸軍輜重兵学校」の校庭で、トラックのハンドルを握っていた。

陸軍輜重兵学校なんていっても、これは、陸軍関係者の中でも、当事者以外は不案内だと思う。輜重兵は、日清戦争の昔から〝輜重輸卒が兵隊ならば、蝶々トンボも鳥のうち〟と歌われていたように、コメの等外米のように軽く扱われていた兵科なので、眼が悪いか、体に既往症のある壮丁たちが、回されていたようである。

もちろん、陸軍は歩兵が花形で、〝散兵線の花と散れ〟なんて唄の文句にもあるごとく、なにかにつけて華やかな普通の兵科に比べて、輜重隊は、いわば文字通り馬の足だ。勇ましい第一線の兵科、例えば、歩兵か砲兵などに、弾丸の補給をしたり糧秣をもってゆく「運び屋」なのである。

〝輜重輸卒が兵隊ならば、電信柱に花が咲く〟――兵隊落語でも、熊さん、八つぁん級にしか扱われていなかったそんな兵科も、太平洋戦争が始まって、機械化部隊という美名のもとで、馬の背に、弾薬を振り分けて運ぶ方法から、トラック輸送にと、若干近代化されて以来、

今戸公徳幹部候補生

この特科兵種も格上げされ、技術者となり、いささか大事にされるようになったのである。

だから、私の戦記といっても、昭和二十年一月十日に陸軍輜重兵学校へ入校した士官候補生は、八ヵ月後には、終戦となってしまって、マスコミ向きの活躍はしていない。でも、教育期間中におきた、三月十日、かの有名な大空襲に邂逅、続いて、四月十五日の、いわゆる、城南地区の被

爆、さらに五月二十五日未明、山の手地方の大空襲と、戦前の大東京のくずれゆく姿を、この眼で確かめてはいるのである。

その中で、三月十日と四月十五日の空襲の時には、私たち士官候補生も出動、トラックの荷台に、カン詰を満載して、下町、城南地区一帯の罹災者たちの救援に向かったのである。やがて、大橋の陸軍輜重兵学校も、新宿御苑の被災と同じ時刻に焼夷弾にやられ、私たち二百数十名の候補生たちは、焼けだされ、六月初め、福島県白河の山中に学校ごと移転してしまった。

白河の疎開先では、空襲もなく、やっと訓練に専一することができたが、なにしろ山奥なので、戦争の状況など、皆目、判らなかった。だから、戦争が終わって、八月の終り復員する際、上野駅のプラットホームに降りたって、東京の街を見おろしたとき、それこそ、見わたす限り瓦礫の町と化し、硝煙の匂いと、鼻をつくなまぐさい風に、オーバーな表現だが、東京全都はおろか、横浜あたりまで見わたせる感じだった。

三十四年たってみて、この地区は、今や、杭一本うちこむ余地のないほど復興、発展、変貌をとげてしまっているが、三十四年後の現在という時点に立つと、この戦争とは、一体、なんだったのだろう、と疑念を抱き、発展、変貌している分だけ、たまらない切なさと、やりきれなさと、寂寞感におそわれるのである。

九月初め、私は、復員列車に乗って、郷里の日豊線柳ヶ浦駅に降りた。九ヵ月ぶりに見る故郷の山河だったが、私の出征するそのときまで、ウグイス色の格納庫が六棟並んで建っていた宇佐空は、格納庫の屋根には穴があき、そのトタン板はめくれ、鉄骨はアメ細工のようにひん曲がり、庁舎も、兵舎も、あとかたもなく消えてしまっている姿を見たとき、私は、絶句し、少年期の、いわば、私の想い出の中にあるプライドを無惨に破壊された空しさと憤りをつくづく感じたのである。

当時、満二十歳、はちきれそうな肉体もさることながら、培(つちか)われ、鍛えられて極端に強靭になった精神には、宇佐空の壊滅した姿は、直視するにしのびなかったのである。

日本の戦後の歩みは、今度また、良いこと、悪いことを無批判にうけいれる失敗をおかしてきたようだ。が、一応たてまえとしては平和への道を指向した。

その年の暮れ、再び、瓦礫の中の東京に上京した私は、そのまま東京にいつき、ジャーナリズムの世界で仕事をすることになり、戦後十九年目にあたるオリンピックまでの戦後史を、この眼で見、この足で確かめての、いわば戦後史

宇佐空兵舎跡に残る弾痕

の証人としての生きざまがあるわけだが、正直いってその時期まで、戦後史の何たるかを見つめてみる心の余裕などはなかった。多少とも、そんなゆとりが生じたのは、家業を継ぐため、郷里宇佐市に帰り、この、点のような存在の中から、ある距離をおいて、それを見つめるようになってからである。

確かにまだ、昭和三十年代までの東京は、高成長してなく、妻子も、住み易い東京から離れることをいやがっていた。そんな子供たちをなぐさめるのに、当時は、プラモデルがはやりはじめた頃で、子供はよく零戦を工作したものである。玩具の組み立ての手伝いを、私は子供にしてやりながら、こういった。

〝お父さんの郷里に帰るとね、零戦がいっぱいいるんだよ〟

零戦と聞いて、

〝それ、本当!? お父さん……〟と、子供は眼を輝かせた。

その年の夏、東京を引き揚げ、一家で宇佐に帰ってきた。さっそく、子供たちにせがまれ、零戦を見に、すっかり水田に変わり果てている、かつての栄光の宇佐空の跡を訪れた。青々とのびた稲の葉が、微風にそよぎ、蛙の合唱がリズムをもって流れていた。あの頃は、どこでも見られた単調な日本の農村の風景だ。すると突然、

〝お父さん、零戦なんか、いやしないじゃないか!!〟

子供の怒りが、金切り声になって、私の耳につきささるように鋭くきこえた。

なるほど、戦後も、あらかた二十年たってしまった昭和三十八年当時の宇佐空の跡には、

特別攻撃に赴く爆装零戦

戦争を知っている者以外、空襲を偲ぶよすがが何一つなかった。いや、丹念に見ていると、正門、裏門、プール跡、機関室等に、それぞれ、うちこまれた弾丸の跡は、まだ、痛々しさを残してはいるが、確かに、戦争を知らない人たちにとっては、ただの傷のある石の門なのである。この正門の前を、数えきれぬほどの海軍さんたちが歩いたことであろうか。

私は、子供のカン高い声を聞いて、柳ヶ浦のこの次の世代のために宇佐空始末記を書き残してやらなければ、といった、何か、使命感みたいなものに襲われたのである。宇佐空跡で、子供の眼に零戦の姿は映らなくても、私の瞼には、零戦の英姿がはっきりと描け、エンジンの音さえ聞こえてくるのであった。

翌日から、私の宇佐空始末記の取材が始まった。プロの軍人たちの「戦記物」は、溢れるように出版されていたので、非戦闘員でありながら、わが町を護った警防団や、国防婦人会や、小学校の先生がたの、二五〇キロ爆弾をもろにうけた恐怖の体験談を聞いてまわり、それも、できるだけ多くの人たちの話を集めることにした。そして、出来上がったのが、「僕の町も戦場だった」の記録小説なのである。

零戦がいない、と言って金切り声を出した子供も今は、大学生である。そして、零戦がいないことに憤りを示すことのないほど郷里の歴史も知ってくれた。小学校の正門のなまなましい弾痕の傷も、宇佐空跡の、もう、残り少なくなっている爆撃のあとの数々も、それが、三十四年前の日本の歴史の一齣(ひとこま)を証明するものであることをも立派に承知してくれている。

その証拠を子供たちが、その次の世代に伝えてくれさえすれば、それで良いわけであるが、やはり、何かが空しい。というのは、いつの時代かに、そのことを伝えてくれる人が、完全にふっ切れてしまって、ただ、単なる「跡」になってしまいそうな気がするからである。とすると、あの戦争とは、私にとって、一体なんだったのか、空しさだけが残るのである。

（「アドバンス大分」昭和五十三年八月号）

還らざる青春 ――宇佐航空隊の学徒

「私の家の、すぐ裏側は飛行場だったんです」

何の屈託もなく語る近藤千代美さんの声は、まだ、幼さがいくぶん残っていた。

「で、空襲のことは⁉……」

「おばあさんから聞きました。飛行場がＢ29にやられた話。そのあと、畑田（はたけだ）の周辺も焼けだされたとか。……そんなにひどかったこと、この本『雲の墓標』を読むまで知りませんでした」

同行してくれた奥村俊久君も同じだった。彼の住まいは、航空隊の庁舎の建っていた柳ヶ浦校区にあったが、両親に戦争体験はない。空襲の話も、祖母から聞く昔話ていどだったらしい。二人とも、四日市高校二年生。奥村君の方は、阿川弘之の「雲の墓標」はいっきに読み終えたそうだ。

「どうだった⁉」とたずねると、

「よく分からないところもあったけど」と、前置きして、自分たちの町が戦場だったことに驚き、新たな感動に誘われたらしい。その二人と一緒に、私は、「雲の墓標」の、あの清冽な文章のあとを訪ねることにした。

私が、「雲の墓標」を読んだのは二十七年前、昭和三十年である。やはり、本格戦争文学が世に出るには、いつの戦争の時でも、十年の経過が必要らしい。というのは作家たちの原体験、あるいは、生な体験を文学にするには、それだけの距離と、カタルシスする時間が必要だということだ。

「雲の墓標」は、アクチュアリティ（事実）の積みかさねには違いない。が、単なる戦争ルポタージュと異なるのは、全篇の底流にロマンがひそみ、ロマンは、エスプリに支えられて、文学としての香気を放っているからである。また、その本質こそリアリティ以外の何物でもないわけだ。

作者も言っているように、この小説は、戦後、学徒出陣として出征、死んでいった戦没学生の日記をもとにして構成した作品である。文体は、日記体に手紙文を織りまぜた混合文。昭和十八年十二月十日、「在学徴集延期臨時特例」という緊急勅令によって、徴兵猶予延期を中断された法文系の大学、高専の学生たちが、急遽、入隊するところから始まる。

話の経糸（たていと）は、京都大学文学部、萬葉集研究グループの四人の友人たちが、呉市の大竹海兵団に入隊、一ヵ月のジョンベラ水兵姿から、短剣を吊る予備学生になり、土浦航空隊、出水（いずみ）航空隊で飛行訓練をうけ、宇佐航空隊へと転勤。宇佐空での生活が三分の一をしめる。その間、敗色濃くなり、宇佐空では、ついに、B29、大挙しての空襲をうけ、ここでは、絶えず、戦争に懐疑的だった親友の藤倉少尉の殉職を目のあたりにし、また、沖縄へ特攻出撃してゆく坂井少尉はじめ、多くの戦友の、飛びたつ瞬間の〝泣きそうに崩れる顔〟を垣間見るリアリズムには思わず胸をつかれる。

読んでいると、飛行時間一〇〇時間にもみたない技術未熟な予備学生たちが、布切れのように捨てられてゆく戦争末期の様相が、淡々とした文体で書かれていればいるほど、小説の内容は、迫真性をもって迫ってくる。

「雲の墓標」の跡を２人の高校生と訪ねる著者

今、私たちが、自分の子供をその歳にする年齢に達してみて、出撃を前にして、わが子に面会に来る親ごさんたちの心情が痛いほど良く分かるわけだが、別府では、主人公の吉野信次郎が、出水航空隊時代に出会った蕗子さんに、同僚には後ろめたい気持ちを抱きながらも、黄楊（つげ）のクシを送るくだりなど、今の若者たちはどう感ずるかと思い、吉野が、蕗子さんによせる慕情の切なさを尋ねてみたら、二人の高校生は、〃美しい〃と答えてくれた。あの、古めかしいパターンの恋を、美しい、と感じてくれる二人の顔は印象的だった。

ときどき小雨が降ってきたが、私は四十歳も年下の二人の少年少女をつれて宇佐空の跡を回った。まだ五、六年前までは、弾痕も痛々しく残っていた北門の門柱や、黄色いタイル張りの正門があったが今はない。空(むな)しい、とはこんな姿をいうのだろうか。そう言えば、吉野が綴った宇佐空解隊式の数行は、彼の死の前章だけに、さらに空しい。

『日没時、軍艦旗降下、穴の前からはるかに敬礼する。隊内の建造物はすべて崩壊し、しずかな入陽のなかにゆるやかに降りて行く最後の旗を見つめて感慨無量であった。宇佐はきびしかったが、一方やり甲斐もあった。ちかく別府をひかえて、いでゆと食い物とにもめぐまれた。またここから、実に多くの友をおくり出した。彼等はもう還ってこない』

やがて、百里が原航空隊に移った吉野は、特攻隊に指名され、木更津から出撃。両親への遺書の中で、蕗子への愛をうちあけつつ、その面影を抱いて還らざる人となるのである。

(「大分県広報おおいた」昭和五十七年二月号)

昔むかしふるさとで

昭和九年、梅雨入りの前だったように思う。宇佐市の北辺に位置する和間浜で民間飛行機の曲芸飛行があった。飛行機が地上に降りたのを見た初めての体験だったが、飛行機を目のあたりにして、すごい興奮にかられたのを思いだす。近隣からも大勢の見物人が押しかけて、海岸の土手は人いきれにむせるほどの盛況だったのを覚えている。

飛行機はエンジンむき出しの二枚バネ一機。飛行士が、飛んでいる飛行機のハネの上に立ち上がったりする場面には、文字通り手に汗を握った。宙返り、横転、キリ揉みなどを披露した後、高度を下げ、潮の干いてしまった砂浜に着陸してくる。滑るように着陸する二枚バネに、観衆は思わず拍手を送ったものだった。

子供たちが飛行機好きになったのは、そんな身近かな体験があったので、一層拍車がかかったような気がする。学校での授業中、遠くから爆音が聞こえてくると、「飛行機！」と誰かが叫んだ。子供たちは一斉に教室から飛び出す始末。飛行機が見えなくなるまで見送ったものだった。

確か、昭和十二年の秋だったと思う。授業の休み時間に、二年上で用務員をしていたM君が新聞をもって来た。新聞には、たちまち子供たちの人だかりが出来た。それは大きな見出しだった。

「柳ヶ浦村を中心に一大飛行場建設」

昭和十四年秋頃までに海軍の飛行場が造られると書いてあったので、子供ながらに胸の高鳴るのを覚えた。場所は、通称辛島田圃といわれている穀倉地帯が指定されてあった。昭和十三年に入ってから、柳ヶ浦駅から、院内方面に抜ける県道など、連日、飛行場建設のための大型トラックの砂ボコリが舞った。

この道は、現在の宇佐市役所前の県道だが、法鏡寺の交差点も、川部、江島、中須賀、沖ノ須も、駅へ通じる道は幅五メートル足らずだったろうか。良田は掘り返されては整地された。その上に滑走路。そして、格納庫の鉄骨が組まれたり、庁舎や兵舎、整備工場、烹炊所、病院等が建てられて、航空隊の全貌が姿を見せ始めた。

六つのアーチ型の格納庫は、暗緑色に塗られて開隊式を迎えたのは、昭和十四年十月一日。名称は「宇佐海軍航空隊」と命名された。この日、隊内が開放され、民間人の行列が溢れた。お目あては海軍機の航空ショーで、二枚バネの飛行機しか知らなかったのが、低翼単葉、流線型の三人乗りの見事な編隊飛行に目を瞠(みは)った。

二枚バネは、トンボのように小さくなって三〇〇〇メートルの高空から逆落としに急降下してくる。あわや！　というあたりで機首が引き起こされ、反転してゆくが、その時に発する異様な唸音には驚いたものだった。低翼単葉を「九七艦攻」、二枚バネは「九六艦爆」と呼ぶと教えてくれたのは、中学のクラスメートの父親である瀬下友衛兵曹長だった。

昭和10年頃の柳ヶ浦駅

その頃、私は柳ヶ浦村から中津の中学に汽車通学をしていたが、柳ヶ浦駅には当時、給水塔があり、機関庫があり、転車台、貨物の操車場まである大きな駅で、引込線には、時どき二枚バネや、胴体をむき出しにした艦上爆撃機が輸送されてきていた。障（さわ）ってみると羽布張り、機体には銀色の塗料が塗ってあった。そんな艦上爆撃機は馬車で運ばれた。運賃は、一日五円だったと聞いている。

中国戦線での二枚バネの活躍はめざましく、感状をもらった海軍さんも宇佐空に来ていたが、新聞に書き立てられた勇士は、少年の眼からは英雄に見えた。用務員だったM君も、少年航空兵（予科練）を志願して戦闘機乗りになった。当時、海軍さんたちは、週に何日か上陸（外出）してきた。二〇〇〇人近い隊員の落とす金が、周辺の経済を活性化していたことは確かである。

昭和十六年十二月八日、対米戦勃発の日の記憶は忘れられない。前日の七日は日曜日で、小春日和の穏やかな天気だった。午後三時頃だった。黒い吹き流しを尾翼に引いた二枚バネの飛んでゆくのが見えた。警急呼集である。

翌朝、宣戦が布告された。ラジオは日本の機動部隊のハワイ急襲を報じるので、まさか！ハワイまでが、と思っていた国民は驚天。学校は、教師たちが昂奮してしまって授業が出来ない状態になった。その一ヵ月前まで、宇佐空の上空で、訓練していた艦隊の搭乗員も参加した空襲だったので、しばらく大勝利の興奮からさめなかった。アメリカの屈辱とは逆に、宇佐空の栄光の時代だったのだ。

昭和十八年、山本五十六元帥が戦死してから戦況は厳しくなった。一線から転属して来て、司令に着任した三浦艦三大佐は、アメリカの攻撃に対処すべく猛訓練を強いたという。M君が、ベラベラ島で戦死の公報が入った。グアム島が陥ち、サイパンが奪われ、戦局が緊迫し、学徒動員令で私も出征する。日の丸の旗に、艦爆隊長宮内安則少佐の揮毫（きごう）をもらった。少佐は四月二十一日運命の日を、指揮した士官である。

戦争が終わって復員してみると、格納庫の鉄骨がヒン曲がっていた。私の眼はしばらく残骸の溢れた宇佐空の跡に釘づけになっていた。

あれから四十六年経つ。

（「宇佐航空隊の世界」Ⅰ）

風化させていいのか——「宇佐空時代」の悲惨と慟哭

ミリタリズムへの道

昭和三十九年、郷土の戦記〝僕の町も戦場だった〟を発表してから二十一年たつ。この一文には〝その日の宇佐海軍航空隊〟というサブタイトルがついている。

これは、昭和二十年四月二十一日午前八時、アメリカ空軍B29二七機が三梯団を組んで「宇佐空」に来襲、二次にわたって、飛行場及び付近の施設を爆撃して航空隊の大半を破壊した記録であるが、戦死者一六一人、負傷者二〇〇人以上、時限爆弾四〇発、民間人死者九人、負傷者三〇人、民間倒壊家屋三六戸、火災家屋三三戸、破壊家屋八六〇戸。このほか農道、水路、通水、交通不能個所を入れると、ほぼ全町にわたって戦場と化した旧柳ヶ浦町の〝ザ・ロンゲスト・デイ〟を取材して、毎日新聞大分版に発表した記録小説である。

どうしてまた、二十一年前の昭和三十九年に、四月二十一日の惨禍を追体験する気になったのか。実は戦争中、郷里を後にしていらい二十年ぶりに帰郷したとき、郷里の変わり方があまりにも激しかったからだが、かつて旧柳ヶ浦町には、旧八幡村、旧駅館村（いずれも現在宇佐市）の一部を含む二四七万五〇〇〇平方メートル（七五万坪）に及ぶ海軍の飛行場があったのだ。正式名称を「宇佐海軍航空隊」、略して「宇佐空」と呼ばれた。開隊は昭和十四年十月一日、その前年昭和十三年十二月十五日は「大分海軍航空隊」が、昭和九年九月四日には佐伯市に「佐伯海軍航空隊」が開隊されていたので、大分県は海軍色に染めあげられる感があった。昭和十四年といえば、九月三日に第二次世界大戦が勃発している。国際情勢は、日本、ドイツ、イタリアのファッショ国家と米、英、仏、蘭、支（中国）の自由主義国家群とが「物」の奪いあいで対立、いつ大戦が始まってもおかしくない時代であった。

その頃、私たちは旧制中学生で、ミリタリズムへの道を急進していた日本としては、この年、大分県では夏休みを返上、暑いのに毎日ゲートルを巻いて中学校に登校した記憶は今でも鮮烈に残っている。文民は、異状なほど精神主義へ向かう「軍」に対してささやかな抵抗を示したのか、翌年は夏休みがまる一ヵ月与えられたように思う。そんな時代風潮が一つの勢いとなって流れているから、することなすこと軍国調が建前となり、流行化し、また、カッコよく映った。

やがて好景気のツケが

考えてみると、宇佐平野という「記紀」いらいの美田を潰して飛行場に召し上げられるわけだから、今だったらそれこそ住民たちの大変な反対運動が起こったはず。旧柳ヶ浦村も、旧八幡村も、旧駅館村の議会も一人の反対者もなく飛行場建設に賛成。むしろ、美田が海軍の御用に供せられるのを誇りにさえ思ったほどの歓迎ぶりだった。

〝飛行場ができる〟と大人たちが興奮しているから、子供たちにその波長が伝わらないはずがない。昭和十二年ごろから、道路はトラックが砂塵を巻きあげ、労務者がふえ、軍人がやってきて、それまでは日本のどこにでもある平凡な農村だった三つの村と、川をはさんで漁師の町だった旧長洲町の港が急に活気づいてきた。

例えば、隊の機械や飛行機が柳ヶ浦駅に着くと、それらを飛行場まで運ばなければならない。クルマが無いから当然、馬車一台で一日五円の駄賃を稼いだ。だから、専業農家でさえ農閑期には遊ばせている馬を引き出し、駅に着いた飛行機を航空隊まで運ぶ仕事用に組合を作った。馬匹組合である。御用組合を作らされたと言った方が適当かもしれない。

おかげで村民の暮らしは、いよいよ豊かになった。さらにもう一つ、当時、隊員の数は軍の機密で不明だったが、御用商人の米屋が航空隊に運ぶ米俵の俵数から逆算すると、兵員のおよその数がつかめた。ひとり一日三合当てだったから、御用商人のT氏だけはその員数を把握していた。概算二〇〇〇人、とT氏はふんでいた。すると戦艦一隻の兵員である。人口わずか五〇〇〇人足らずの村に二〇〇〇人もの人間たちが一挙に詰め込まれたわけだから、活性化するのは当然だ。

戦争は、戦争屋にとって軍需産業のみならず、その波及効果が、こんな形で庶民にまで及ぶわけだから、戦争の本質を考えなくて、ただ、表面だけ見ていると、麻薬のように怖いことが良く分かる。

でも、あのころは、ちょっとでも批判精神を発揮して反軍的言辞を弄（ろう）しようものなら、すぐ、柳ヶ浦憲兵隊に引っ張られて非国民の刻印を押された。でなくても日本人は批判精神に乏しく、よく言えば温順、悪く言えば権力に弱いたちだから、お上の達示は絶対であるし、神国日本に敗戦はなく、連戦連勝の中国戦線とか、同盟国ドイツの進撃ぶりなど、連日のように新聞に報じられ、ニュース映画で見せられ、学校では、配属将校や煽動的教師から神がかり的訓話を聞かされると、いやがうえにも軍国少年にならざるを得なかった。

それに、二〇〇〇人の隊員たちは、水兵が一週間に一回の上陸（海軍では外出のことを上陸といった）、下士官になると二日に一回（1/2上陸という）。三日に二回（2/3）。四日に三回（3/4）の外出となる。妻帯者は家を一軒借りていた軍人もいたし、それらの兵隊たちが落とす金は、もちろん、少年の私たちには想像もつかなかったが、景気が良くなるというのはこういう状態をいうのだろう。

実はこのなまぬるい好景気感覚が大変なツケとなって回ってくるのであるが。戦後、銀行では戦死者や行方不明の家族などに軍から振りこまれて給料の処置に困った話も聞いたが、悲劇の兆候は、すでに、こんな形で胚胎していたのだった。

少年期の心のふるさと

余談はさておき、確かに景気は良くなった。宇佐周辺は海軍でなければ夜も日も明けなかった。たいていの家には海軍さんが下宿した。もちろん、私の家にも多くの隊員たちが上陸してきた。そして、零戦（戦闘機）の優秀さや、戦艦「大和」の不沈艦ぶりを聞かされると、胸が躍らないわけがなかった。友人たちと連れ立って航空隊を見学に行ったのもそんな時である。

宇佐海軍航空隊の正門と庁舎

当時「宇佐空」は練習航空隊だったので、九七式艦上攻撃機と九六式艦上爆撃機の二種類が配備されていた。飛行機の翼を撫でるだけで欲求は充たされたし、庁舎や、格納庫や、落下傘調整場や、今から思うと粗末な指揮所だったが、滑走路の端っこに組み立てられてあった床板や柱をさわるだけで興奮させられたものだった。

まして、少年たちの見ている前で飛行服を着た搭乗員たちがキビキビした行動で飛行機に乗り、みるみるうちに上昇、急降下や宙返りを実演して見せると、興奮は極に達したし、少年向け雑誌「少年倶楽部」に登場していた勇士の顔を目のあたりに見ると、少年たちの血はいやが上にも燃え立った。

だから後年、友人の中から東大の航空学科に進んだ者や、予科練を志願した軍国少年は多い。いわば「宇佐空」は、少年期の夢を育んでくれた「心のふるさと」なのである。列線に並ぶ数十機の艦攻（艦上攻撃機）や艦爆（艦上爆撃機）と、ウグイス色に塗られた六つのスマートな格納庫と、クリーム色の庁舎、それに黄褐色の正門はいまだに私たちの脳裡から去らないのである。だから、「勇躍」という言葉が実に適切なごとく、あるいは「莞爾として出撃」という表現が当然のように少年たちには思われた。「宇佐空」に憧れを抱いて少年期を過ごした友人たちは、ほとんどが軍国少年として旧制中学を巣立ったのである。

「宇佐空」も特攻基地に

私が大学に入った昭和十八年、「学徒動員令」が発令された。法文科系学生十三万人が、羊が、牧童に追いたてられるように戦争に狩り出された。一年後、私たちは繰り上げ徴兵検査で出陣を余儀なくされた。昭和二十年一月十日、東京目黒の陸軍輜重（しちょう）兵学校に入隊する私は、六日午後二時四十七分の汽車で柳ヶ浦駅を発（た）った。

駅頭には、町長さん、区長さん、警防団長、隣保班長、婦人会の人たち、友人らでホームは出征する私を見送る人の顔で溢れた。その中に、「宇佐空」の艦爆隊隊長宮内安則少佐（海兵66期）の顔があって私は感激した。宮内少佐は、航空母艦「飛鷹」の生き残りで、内地転勤いらい、一四期予備学生の訓練にあたり、ずっと私の家に下宿していたからである。

残念ながら、郷里を後にしてからの「宇佐空」の動きを私は知らない。後で知った話だが、二月、「宇佐空」は特攻基地に編入された。

やがて、三月十八日、四月二十一日、五月七日、同十日、八月八日と、数次にわたって米軍の空襲をうけた。その間、「宇佐空」からは、神風特別攻撃隊「八幡護皇隊」が編成され、九九機の特攻機が飛びたっている。

戦争が終わった日は暑かった。福島県の白河で終戦を迎えた私の中に、ラジオ放送が妙な形で印象に残っているのは、玉音を聞く間、うつ向いている私の軍帽のひさしの影が、直立不動の姿勢をとっている自分の足の四十五度に開いたツマ先の五センチぐらい先に影絵のように映っていることだった。

あの日のことは忘れない

復員は八月二十三日。白河から汽車を乗り継ぎ、三日間を費やした。柳ヶ浦駅が近くなり、いつもなら旧八幡村と旧柳ヶ浦町の境界線でもある黒川の鉄橋を渡ると、スマートな六つの格納庫が汽車の窓から鮮やかなウグイス色のシルエットを見せるのに、そのとき、格納庫は瓦壊しており、ひん曲がって鉄骨が恐竜の背骨を見ているように突っ立っている姿を見て一瞬、目を疑った。「宇佐空」が壊滅していたのを初めて知ったのだった。少年期の憧れのシンボルが泡沫のように消えてゆく気がした。

二〇〇〇人の隊員はいなくなり、他聞にもれず柳ヶ浦町は七年前の貧困な村に返っていた。海軍さんで賑わっていた旅館の主人が夜警に出てひさいだり、ヤミ屋に転じたのもそのころである。

十月、「宇佐空」に米軍が進駐してきた。私は、「宇佐空」が接収される状況が良くつかめないまま上京した。そして、東京の瓦礫の中からモヤの晴れるのを待つかのように、戦争の実態をつかみとろうとした。体制の変換、思想の転換、ともに初めての体験だったが、一八〇度の方向転換に順応するのに長い苦しみの時間が必要だった。

昭和三十八年、二十年ぶりに私は郷里に帰ってきた。あるいは浦島太郎の心境だったかもしれない。かつて帝国海軍の象徴であった「宇佐空」は面影さえなく、昔の水田に返っていた。でも今から思うと、弾痕のいちじるしい小学校の土止めや、傷ついた正門等、それに知人の家の柱を抉(えぐ)っている爆弾の破片の生々しさは、あの日を決して忘れないようとしない魂がうずいているように見えた。

聞けば、ほとんどの家と言っていいほど戦争の傷痕を残していた。被災家屋八六〇戸の復興は、この町だけは取り残されているようだった。私はそのとき、今こそこの現実を記録しておかなければ永久に機会を無くすかもしれないと思った。

癒えぬ心の傷

二十年の歳月は被爆体験者の町民たちを、ずいぶんと老いさせてしまっていたからだ。さっそく、「あの日」を体験した人たちを探し始めた。さいわい、戦後二十年当時には、まだまだ、確かな記憶を持った古老たちが大勢いたので、取材は精度の高い資料が得られて助か

昭和23年に米軍が撮影した爆撃の跡も鮮明な宇佐空〔豊の国宇佐市塾提供〕

った。取材期間半年。十ヵ月目にはルポタージュとして発表することが出来た。まだ、防衛庁戦史編纂室には、「宇佐空」のウの字の項目もなかった時代だった。

あれからまた二十年の歳月が過ぎ、戦後四十年たつ今、あのとき取材に応じてくれた人のほとんどの方たちはもう他界してしまっている。弾痕の凄かった小学校の土止めも、黄褐色の正門も、弾痕の深い北門の門柱も、また、時限爆弾の爪跡の鋭かった民家のほとんどの家も、いつか知らぬ間に建て替えられてしまい、今はその当時のよすがさえ偲べない。二十年前はまだプールの側壁や兵舎の遺構など截然と残っていたが、邪魔者だったかのように捨てられている。

今年も、四月十六日、戦没者慰霊祭が行なわれた。終わってウサノピアで映画「あゝ同期の桜」（脚本・須崎勝彌）を上映し、十四期予備学生の須崎勝彌氏の講演があったが、関係者数十人をのぞけば市民は数えるほどしかいなかった。この日、須崎氏は、亡き戦友堀之内久俊少尉の出撃前夜のくだりにふれた時、壇上で声をつまらせ、話が中断した。

戦争体験者にとって、戦争は、生きている限り、死を前にした時の心の傷の癒える日が決して無いことを証明されたような一幕だった。でも今、四十年の歳月は何の出来事もなかったようである。こんな平穏さを風化というのだろうか。戦争体験を映画やテレビや活字に残して後世に伝えようとしているが、戦争をイメージとしてしか受けとれない世代は、その悲惨さや残酷さなど、まったく関係ない！　といっている表情に見えて仕方がない。

消えてゆく悲劇の象徴

宇佐人にとって、〝御許山騒動〟は大変な体験だったに違いないが、百年たった今、私たちはその傷痕の片鱗さえ窺い知ることが出来ない。今年はあの敗戦の日の慟哭から四十年目にあたるが、まったくと言っていいほど風化してしまっている空襲の傷跡は、百年後の人たちにはおそらく、何のことだか分からなくなってしまっているかもしれない。

戦争とは、人間が苦しみ、死ぬことである。現実にそれを体験してきた人たちは少なくなってしまっているが、ボタンを押せば、仏教で言う「地球の消える日が目前に迫っている」のに百年後、それをあり得ることとして受けとめてくれる人が、果たしているのか。「宇佐空」の悲劇の象徴が、つぎつぎに消えてゆく現状を見ていると、私は、疑問の方が先にたつのである。

（「ミックス」昭和六十年九月号）

戦跡遺構文化財としての「宇佐海軍航空隊」

宇佐市に住む私は、八幡さまの祀(まつ)られている宇佐神宮を誇りに思っている。全国四万社を数える八幡社の総本社であるのは言うまでもないが、古い歴史と、周辺に点在する遺跡が、それをあますことなく証明しているからである。四世紀前半の古墳群からは、三角縁神獣鏡が出土して邪馬台国論争に参入させられたし、二十数年前だったか、韓国国立博物館に展示されているのと同型の銅鐸が発掘され、古代ファンを湧かせた。宇佐神宮を含めて、宇佐周辺の遺跡の話題は、古くて新しいのである。

地理的にみると、宇佐は、どちらかというと、九州では、陰のニュアンスの濃い場所である。そんな宇佐だが、日本歴史の中の大きな事件に、中央政権との間で四度もかかわっているのである。一度目は八世紀、奈良時代である。弓削道鏡が皇位を簒奪(さんだつ)しようとした時、勅使として下向した和気清麿に宇佐八幡は神勅を下した。

「我が国は開闢(かいびゃく)以来君臣の分定まれり。臣をもって君となすこと未だ之あらず。天津日嗣(あまつひつぎ)は必ず皇緒を立て、無道の人を除くべし」

大変な託宣である。そのためか、宇佐神宮と皇室との関係は深く、八幡さまは、鎮護国家の神として、数世紀の間ゆるぎないものとなっていた。

二度目のかかわりは源平合戦の時、十二世紀末である。都落ちしてきた平氏が、神のご加護を宇佐八幡に求めて一行が神前に額ずいて神のお告げを待ったが、「世の中の　うさには神のなきものを　心づくしに　なに祈るらん」と絶縁の託宣が下った。その件(くだ)りは、「平家物語」や「源平盛衰記」にくわしい。中でも、平重盛の三男平清経が、平家の前途を儚(はかな)んで豊前海に入水する話は、謡曲「清経」にもとり上げられ、現在でも謡曲関係者が駅館(やっかん)川の畔にある清経の五輪塔を訪れてくる。

国宝宇佐神宮の勅使門

さらに三度目、南北朝時代は、二つの朝廷から援助を請われ、宇佐神宮の神職団も二つに割れる。ことほど左様に、歴史の節目には、宇佐八幡は強い影響力を発揮した。

四度目が、昭和の前史を象徴する太平洋戦争の時である。宇佐平野のド真ん中に「宇佐海軍航空隊」（以下、宇佐空と書く）があって、大戦末期、そこは特攻基地となり、多くの特攻機が飛びたってゆくという、国難に殉じた人たちの古戦場なのである。

以上、宇佐の旧跡は、宇佐神宮の周辺に夥しく、神仏混淆時代の寺院や摂社は、それなりに名所となり、参詣する人も多い。が、社殿の立つ小椋山の左側、大尾山の中腹に鎮座する護王神社は、忠臣和気清麿が祀られているにもかかわらず、ほとんど参拝者の姿が見られないのが寂しい。護王神社にお参りすると、八世紀、一二六〇年前にタイムスリップするはず。下って十二世紀末、源平時代の旧跡としては、大宮司公通公の館のあった「安楽院」が森山地区に命脈を保っている。さらに、駅館川畔には清経の五輪塔が移されているが、清経が十三夜の月に向かって笛を吹きながら入水した故事に従えば、空気の澄みきった秋の夜、小松橋に佇んで往時を偲ぶと、感慨また一入のことと思う。

どこの土地にも、歴史に登場する古戦場の地には、それぞれ、祠や、神社仏閣が建てられていて往時を偲ばせてくれるが、宇佐空の跡にも忠魂碑と特攻出撃した出陣学徒兵五八柱の墓碑銘が石に刻まれて建っている。

戦後、宇佐空跡は、旧地主や引揚者に払い下げられた昔の田園に戻されて当時を偲ぶ縁もないが、それでも、かつての滑走路跡は、宇佐平野を東西と南北に貫く大幹線道路（市道フラワーロード）となって復活している。クルマを走らせると、あたかも、飛行機に搭乗して離陸寸前の気持ちにさせられるから不思議である。

宇佐市指定史跡城井一号掩体壕

ただ、大事なことは、フラワーロード2号線の彼方に、古墳を思わせる壕が目につくことである。見なれない格好なので、旅の人から〝何ですか⁉〟と訊(たず)ねられるが、実は、戦争中、日本の飛行場には大抵作られていた掩体壕(えんたいごう)なのである。戦さが終わってから半世紀も経つので、掩体壕の残っている旧基地はほとんどないが、どうしたことか、宇佐空には一〇基も残っている。しかも、昭和六十年代に入って、それらを戦跡遺構として残すムードが急速に高まり、その保存に行政が積極的に取り組み始めた。

掩体壕とは⁉ 何なのか。戦後生まれの人たちは、まったく分からないであろう。一口で言えば、飛行機を敵の攻撃から護るための壕である。無蓋と有蓋の二通りがあるが、作り始めたのは昭和十八年七月からで、主として、徴用者や、近在の中学生や女学校生徒たちの勤労奉仕によって作られたのである。戦争中は、飛行機の数だけあったわけだが、当時を知る兵隊にとっては感慨無量のはずである。

その掩体壕が一〇基も残存していること自体不思議であるが、戦時中のあの食糧不足の時代、何ゆえに九州でも有数の穀倉地帯をつぶして飛行場に変換したのだろうか。日本はもともと、アメリカを仮想敵国としていたし、昭和十一年、無条約時代に突入してから、日米とも軍拡競争時代に奔走し始めたのである。昭和十二年、第三次補充計画では練習航空隊一四隊の建設が国会を通過した。その時、大分市と、気象状況の良い宇佐郡柳ヶ浦村が選ばれたのである。東西一・二キロ、南北一・三キロ、ほぼ、正方形の土地が整地され始めた。滑走路は、幅三〇メートル、長さ一一五〇メートル。昭和十四年十月一日に開隊したが、その時の兵員は八〇〇名であった。名称も、仮称「柳ヶ浦海軍航空隊」から「宇佐海軍航空隊」と正式に決まった。

前年十二月に開隊した「大分海軍航空隊」が戦闘機の練習航空隊として発足したのに対し、宇佐空は、艦上爆撃機と艦上攻撃機の二機種の操縦、偵察の実用教程を主とする練習航空隊だった。予科練をはじめ、操練、飛行学生等の多くが宇佐空で訓練をうけた。珊瑚海海戦で二階級特進した高橋赫一少佐は当時艦爆の隊長だったし、ミッドウェー海戦で、片道燃料を承知で出撃、ヨークタウンに体当たりした友永丈市大尉は艦攻の分隊長だった。そして「神風特別攻撃隊」の嚆矢(こうし)としてレイテ沖で米空母に体当たりした関行雄大尉も、昭和十九年二月までの五ヵ月間を艦爆の飛行学生として訓練を受けていた。

太平洋戦争の戦局、いよいよ非となり、練習航空隊であった宇佐空も、第一〇航空艦隊に編入され、実戦部隊として沖縄戦線に特攻出撃の止むなきに至った。昭和二十年三月一日である。さらに、宇佐空は特攻基地になり、全国各地の航空隊の特攻機が飛来、沖縄に出撃するための中継基地として、当時の宇佐空は、一大特攻基地と化してしまったのである。

そんな中で、宇佐空からも特攻を編成して出撃してゆく。「八幡護皇隊」の幟（のぼり）をかざして、一次、二次、三次、さらに「八幡神忠隊」「八幡振武隊」とつづいて行くが、その中にいた学徒出陣の特攻機五八柱の英霊は、先にも記したが、空襲で戦死した一六柱とともに、今の忠魂碑の傍（そば）に、銘を刻まれ、静かに眠っているのである。

昭和二十年四月二十一日午前八時すぎ、B29二七機の空襲をうけ、宇佐空は壊滅する。五月五日解隊、そして終戦になるが、五十二年経った現在、一〇基が往時の姿をとどめて、田圃の中や民家の陰に残っているのだ。平成に入って、次世代は、それらを戦跡遺構として、後世に伝えるべき文化遺産であることを、はっきり確認したが、不戦と平和へのモニュメントとして保存されようとしていることに、無量の感慨をおぼえるのである。

追記＝宇佐市は、平成七年三月二十八日、宇佐市城井地区周辺の四基のうち一基を、宇佐海軍航空隊城井一号掩体壕と名づけて史跡指定した。

（九州財務局広報「九州ざいむ」一九九七年夏季号No.70）

わが故郷・宇佐の記憶（大分合同新聞夕刊コラム「灯」掲載）

父と自家用車

私の父は、辰年生まれの七十五歳である。老いてますますさかんというか、まだまだかくしゃくとしていて、自転車にも乗るし、老眼鏡なしで新聞もよむ。声の調子など、若い者と間違えるほどハリがあって、まだいささかの老残もさらさらない。明治、大正、昭和と三代に仕える柳ヶ浦でも、もう残りすくなくなってきた明治人の一人である。

父は、寡黙（かもく）である。だが酔うと饒舌（じょうぜつ）となって昔話におよび、ランプのホヤみがきや、四斗ダルを何十丁もかつぎあげた若いころの話など、おもい口がほころび、とくに長洲の芸妓（げいぎ）衆にモテたくだりになると、半世紀も昔にすぎさったよき時代を、つくづくなつかしむようである。

その父に、一つの〝夢〟があった。それも実現した〝夢〟として、父の自慢話の一つにはいるらしいのであるが、それは自家用車をもつことであった。いまでこそ、車は生活必需品だが、戦前はたいへんなぜいたく品で、〝二号と自家用車はもつまじきもの〟といましめられたほどカネのかかるしろものであった。

いまでも覚えているが、当時、車を買うのに車より先に、運転手を雇いいれ、その運転手と二人で、大阪まで汽車にのってさがしにいったようである。

父は、車に関するかぎり、赤ん坊に対するような気のくばりかたであった。だが、ガソリンが統制になると、ずいぶんとしまつにこまったらしい。故障しても、町に部品がなく、そのつど〝宇佐空〟の海軍さんにたのみ、飛行機の部品をちょうだいしては、つくりなおして動かしていたようだ。

昭和十九年、いよいよ戦争がいけなくなってから愛車は軍に徴用された。そして、終戦の年の四月二十一日、〝宇佐空〟大空襲のとき、車は無残にもふっとんでしまった。

戦後、車がではじめると、いち早く小型トラックを買った。いまでは、父専用にといって乗用車もそろえてみたが、なぜか父はその車に乗りたがらない。社用のときは別として、ちょっと、用たしぐらいの小用になると、たいてい、バスか自転車である。本人は〝なあに、元気だから……〟といって車にのらないのであるが、内心は若いころの〝夢〟がゲタのようにはきくずされてゆく最近の風潮に、きっとたえられないからであろう。そんな父に、私は明治人の気骨と節操を感じるのである。

（41・4・8）

散る桜、残る桜も……

映画〝同期の桜〟には、宇佐空でのシーンが多い。特に、感動的なのは空襲で戦死した同期生たちを、駅館川の川原で荼毘にふすシークエンスである。これは昭和二十年四月二十一日、宇佐空がB29二十七機におそわれたときの実話をもとにしているが、そのほかいくつか設定されたエピソードは、いずれも事実に基づいて厳粛な気持ちにさせられる。

はじめ、この作品の製作にかかるとき、脚本の須崎勝彌氏と監督の中島貞夫氏が柳ヶ浦にやってきた。去年、十二月も押しせまったころであった。変わりはてた古戦場をみて、胸中に去来するものはただ無常の感慨につきるのであろうか。かつて、予備学生であった須崎勝彌氏は、みる場所場所で魂の傷跡がいたむようであった。

宇佐空では、毎年四月、篤志家久保勇さんによって、特攻戦死者の慰霊祭が催されている。この日はいつも全国から同期生や遺族の方たちが集まってきて、戦友の菩提を弔うのであるが、ことしは自衛隊音楽隊の隊員が参加してくれて盛大であった。とくに式が終わってから、碑前で〝海行かば〟が吹奏されたが、この曲は私たち戦中派にとっては、たまらない感動をさそうものである。

その日も、八幡護皇隊の藤井中尉や大石少尉のおかあさんたちがわざわざ遠くからみえていた。みなさん、お子さまたちの生前のようすなど語り合っていたが、まるで、きのうのことのようであるし、それだけに現在の平和が夢のようである。みなさんは、それぞれ映画やテレビの中のモデルの一員になっている。

こんど須崎勝彌氏が〝かえらざる青春の手記〟をドラマ化するのに、常道の作劇術にたよらず、つとめてドキュメンタリーふうな構成で話をすすめたのも、対象を客観視しようとしたからであろう。でも、一言〝厳粛なロマンチシズムだった〟と彼は私にいった。あの、日常を死と対決した時代、星空のように美しいロマンを、皆、心の底のどこかにいだいていた。

散る桜残る桜、いま残る桜たちは、もうかれこれ四十五、六歳にもなろうか。それにしても現代の学生たちのもつロマンは何だろうかと、ふと問うてみたくなった。（42・7・17）

秋立つや

終戦の年、復員列車の長い旅をおえて、柳ヶ浦に帰りついたときは、九月も初めで、もう秋であった。車窓から、かつて私たちが少年のころ、朝夕したしんでいた宇佐空の格納庫が無残に打ちひしがれているのを見て、私は「終戦」というより「敗戦」が実感としてせまってきたのを覚えている。

ミズーリ号艦上での降伏調印式の写真は、それを裏打ちする歴史的なものであったが、将官たちの丸腰の姿が、うなだれたヒマワリのようで、強く印象に残った。十一日、東条英機以下三十九戦犯の逮捕があって、自殺しそこねた東条の写真に、ふと平家物語の〝風の前の塵〟を思った。歴史は大きく一回転し、もはや、終戦の日さえ過去になっていたのだ。

そんなとき、達筆なはがきが一枚舞い込んできた。文面は時候のあいさつがさらさらとしたためてあり、最後を〝秋立つや　そらごとの世の　夢のあと〟と、芭蕉をおもわせる俳句でしめくくってあった。

一見、陳腐だとは思ったが、はがきの主が、西光寺（豊後高田市）眠竜和尚だったので、なるほどとうなずけたし、目まぐるしく変転してゆく時代の移り変わりを〝そらごと〟と達観する和尚の姿が想像出来た。戦時中、多方面に活躍していた和尚だけに、私には、その〝夢のあと〟を自嘲する気持ちがわかるような気がした。

つづいて十八日、ものすごい台風が西日本一帯を襲った。その年は、でなくても不作といわれていたのに、この枕崎台風は凶作を決定的にしたし、駅館川の堤防も決壊した。復員してぶらぶらしていた私たちは、補修作業にしばらくかり出された。みんな虚脱した姿で、土嚢をきずく作業はあまりはかどらなかった。あのころは、日本全体がいわば真空化していたのだ。

そんな終戦直後の二ヵ月間を、宮本百合子は「播州平野」で実に見事に文学化しているし、いつ読んでも生々しい感動を誘い起こしてくれるのである。

あのころ、怒濤のごとく打ち寄せた多くの変革も二十二年の歳月の流れは、それらの方向を二転、三転、あるいは後転させたものもあるようだ。すっかり変貌した日本の現在に立って、こし方を振り返るとき、何がいったい真実なのか、眠竜和尚の一句が思い出されるのである。

（42・9・9）

ミッドウェーの落日

「宇佐空始末記」を書いていると、季節により、いろいろな人を思い出す。六月は、ミッドウェーの海戦があったので「宇佐空」出身の、多くの搭乗員たちの面影が浮かんでくる。

この前は「柳ヶ浦町史」編纂の取材の折り、ミッドウェーの生き残りという人に出くわして、いささか驚いた。というのは、高家小学校（宇佐市）の徳光吉郎先生が、当時、ジョンベラの一等水兵で、航空母艦「飛龍」の、右舷第一高角砲射撃手として、その目でミッドウェーの敗戦をみていたからである。

この海戦は、劇的なので、日米双方何度か映画化されている。この前も、なくなったゲーリー・クーパーが、空母「ヨークタウン」艦長に扮した映画「機動部隊」をテレビの洋画劇場でやっていたが、六月五日未明（日の出は二時）、彼我海戦にはいってから、アメリカ空母の作戦室は苦悩の色が濃く、日本空母からの、あと一押しの攻撃さえあれば、日本も、ああまで惨敗を喫しなかったであろうにと、まるで二死満塁の反撃のチャンスを逸したかのような描かれかたであった。

実際、徳光先生の話を聞いても、アメリカの攻撃はすさまじく、さか落としに突っ込んでくる艦上爆撃機をねらいうつのに、信管秒速を零秒もしくは一秒に合わせていたというから、アメリカの攻撃精神がいかに旺盛であったか想像がつく。

日本の空母「加賀」「赤城」「飛龍」「蒼龍」の巨大な船体が一瞬、火柱の幕に包まれたとき、その目を疑ったというが、先生も急降下爆撃機と応戦中、顔面と左右手首を負傷して、砲座を離脱、かろうじて、駆逐艦「初雪」に助けられているのである。

日本最後の反撃は「飛龍」の友永丈市大尉(別府市)が、残った艦攻十機を率いて、ヨークタウンに襲いかかっている。そのときの激闘の光景は、クーパーの渋い演技によって戦争のむなしさが訴えられてくる。

その日、落日を待つかのように、日本の四隻の空母は、開戦七ヵ月にして早くも消えさったのである。

六月十日、大本営発表を徳光先生は、病院船高砂丸のベッドの上できいた。

「わが方の損害、巡洋艦一隻大破、未帰還飛行機三十五機」

このとき以来、先生は戦争の前途に暗雲を感じたという。今でも、都合が悪いと黒い霧がかかる。その原型となろうか。　(43・6・7)

干天に

戦後のある時期、私は大西瀧治郎中将のお嬢さんと職場をおなじにしていたことがあった。

大西中将といっても、もう知る人もすくなくなったであろうが、太平洋戦争当時、第一航空艦隊の司令長官で、特別攻撃隊の創始者である。終戦時、軍令部次長の要職にあって、終始「降伏なき戦争」を主張、米内光政海軍大臣に、徹底抗戦を具申してゆずらず、詔勅の下った翌朝しずかに自決していった提督である。

八月になると、私たちは、しばしば先輩を囲んで、そのころの話を聞いた。当時大分に基地のあった第五航空艦隊長官宇垣纏中将が、八月十五日、大分空にいた七〇一空から派遣されていた艦爆十一機を直率して沖縄に突入、水上機母艦テンダー号を大破している話など、胸をえぐられる話が多かった。あのころの話というのは、どういうものか私たち戦中派にとっては、いつ、どこで聞き、思いおこしても、悲痛な思いにかられる。しかしそれを語り、話し合っても、心の深層部には戦争否定がナマリのように横たわっていた。

いつの年だったか、八月十六日に集まって、やはりあのころの回顧談を語り合ったことがあったが、その時、たまたま大西嬢が休んでいた。考えてみると、その日はちょうど中将の祥月命日であったわけだ。先輩が、彼女がいないから話せるがといって、中将の切腹が失敗して、その日の午後六時に絶命したことも話してくれた。

八月の、この日の前後は、いつも焼けつくような暑さが続き、雲一つなく、もゆるような炎熱である。ことしも八月十五日、私は干天によれよれになっている草を分けて、宇佐空のあとにたってみた。毎年、私はこの日、子供をつれてこの戦跡の地を訪うことにしているが、遠くに浮かぶ雲に、祖国の永遠を祈って死んでいった数多くの戦友たちの面影をみるのである。

近ごろ宇佐平野のあたりも、車の騒音と砂塵によごされてきた。昔日の面影をとどめるものは、飛行場周辺に残る掩体壕（えんたいごう）だけで、これも車の行きかいの多くなったいまとなっては、異形のものに見えてきて、八月十五日の朝、沖縄に突入するために飛びたった特攻機のあったことも、遠い遠い話になってしまうような気がする。

（43・8・6）

カキようかん・零戦・箱庭

秋の耶馬渓路は色である。山々をおおう木樹のいろいろな色が、色にこがれ色をきそうさまは、秋から晩秋にかけて、耶馬渓のフェスティバルである。

そんな一日、私は山国川の川畔にたって、競秀峰を仰いだ。碧天（へきてん）にむかってそそりたつ奇巌の雄大さと、岸壁に点綴（てんてい）する黄のあざやかな色に心をうばわれたが、帰路、立ち寄ったある茶屋のカキようかんにも、私はひどく心をひかれた。というのも、そのようかんの単調な図柄が、私を、かれこれ三十年前の世界にさそってくれたからである。

それは、開戦の年のことで、当時、覆面の戦闘機であった零戦が、機体を暗緑色に塗装して、宇佐空の上空を飛びかう姿をみると、日米関係が緊迫していたときだけに、ファーナスティックな興奮を少年たちの魂にうえつけたものだった。そのころ宇佐空は、真珠湾攻撃の訓練基地に使われていたのである。でも雨が降ると、訓練が休みになって、それらの搭乗員たちが上陸してきた。

私は、晩秋のある日曜日、雨にとざされた耶馬渓を零戦の勇士たちと探索した。紅葉は、夜来の雨で、ぬれぞうきんのようになっていた。だれかが〝搭乗員には山吹きの花をさしだす娘もいないか?〟と笑わせるし、すぐ楽山荘に席をとった。雨雲をぬう峰々の幽趣も、南画の雰囲気がただよって、またすてがたい風情を残した。

短軀(たんく)のK中尉が、雨足のすきをみて、裏庭で岩ゴケをとってきた。私が〝箱庭を作るんですか?〟と聞くと、笑って答えなかったが、さも大事そうに紙につつんでしまった。

午後、雨が上がって軽便に乗った。いま、その駅が何駅であったか覚えてないが、とにかく、駅の前に茶店があって、色あせた図柄のカキようかんがポツンと取り残されていて、茶店の主人が〝黒砂糖になりましたけどネ〟といったのを覚えている。

その年は快晴の日が続いて、零戦の勇士たちとも、それっきりになってしまった。十一月の下旬には日本の機動部隊は、真珠湾を攻撃するためハワイに向かっていたのである。K中尉のとった岩ゴケも、箱庭づくりの途中、私の庭でひからびてしまった。（43・11・26）

ことしもまた

ことしも、四月十六日が近づいてきた。この日は「宇佐空戦没者慰霊祭」が、今は畑になっているが、かつての海軍航空隊跡の一角で、宇佐神宮八幡講の人たちの手でしめやかに行なわれる。

昭和二十九年以来、ことしで十六回目で、故人になったが、地元の篤志家久保猶作さんが、戦後、日本で、まだ戦没者の霊を弔うなんていう雰囲気のなかったころ、宇佐空から、沖縄に散っていった特攻の人たちの、純忠の心が忘れられなかったのと、飛行場の跡を畑にするとき、雨雲の低くたれこめた日など、リンが燃えるのか、リヤカーの車輪に火の玉がまつわりついて、さ迷う彼らの魂の慟哭する声を聞く思いがして、慰霊祭を思い立ったそうである。自分の土地三十数坪を提供して霊地にし、七十四柱におよぶ特攻勇士の顕彰碑と、米内光政海軍大将の筆になる丈余の「忠魂碑」とを、被爆して倒壊した庁舎跡から掘り起こして一緒に建てたのである。

二、三年前は、「同期の桜」ブームで、テレビや雑誌の人たちが大勢この地を訪れてさわがしかった。ブームの去った今は、訪れるマスコミ関係者もなく静かなものである。

しかし、地元の人たちは、特攻が、ブームになろうとなるまいと、宇佐基地から出撃した八幡護皇隊が沖縄に突入したこの日、毎年、忠魂碑の前でこれらの御霊を弔うのである。去年は猶作さんの遺業をうけついで慰霊祭の世話をしていたむすこの勇さんが急死したので、どうなることかと心配していたが、地元の人たちのすすめで、お孫さんの豊国さんがつづいてやることになりホッとした。

去年は訪れた遺族の中に「同期の桜」の中にでてくる大石政則中尉や藤井真治大尉のおかあさんがたの姿があった。いずれも頭に白さをます年になって、戦争の遠くなってしまったことをいたいほど感じさせられた。その日、たまたま予備学生十四期の生き残りの戦友の方たちもみえて、ひとしきり二十数年前の思い出話になったが、感傷と懐古では、いやすことのできない傷あとの深さに今さらの感をいだき、平和の重みも、死のむなしさの前には一片の代償にもならないことを知るだけであった。

（44・4・11）

暑き日や

ことしは、つゆが長かったせいか、八月になって、焦熱の日々がつづいている。一片の雲影さえない炎天下、暑さにじっと耐えていると、二十五年前の、あのころのことが、さまざまな感慨をこめて、私たちの思いを懐古的にするのである。NHKから電話のあったのも、そんな炎暑のある日であった。

〝終戦の特集をしたいと思うんです。……宇佐空のあのへんはどうなっていましょうか？……〟

二十五年たった今、昔日の面影は？……と思うのであるが、飛行場付近の古戦場にたって、かわいた夏草をふむと、さすがに、流れるような冷気が、足元に走って、ハッと、心がつかれるのである。

宇佐空がやられたのは、終戦の年、それも数次にわたって敵の攻撃にさらされているし、戦没者の霊さえ、十分なとむらいができてないはずである。二十五年の月日は、そんな感傷を吹きとばすように、心の問題とは無縁であった。

〝八月十五日、終戦の日に突っこみましたネ……、宇垣纒中将……あの時、鹿屋に不時着した特攻隊員の一人が、名古屋にいましたよ〟

宇垣纒中将は連合艦隊の参謀長をしていたし、終戦の時は第五航空艦隊の司令長官として、大分空にいた提督である。終戦の詔勅がでてから、七〇一空の艦爆を率いて大分空を飛びたっている。当時九三一空のいた宇佐空からは、その朝、三機の彗星艦爆が、雲一つない宇佐平野の上空を旋回して、大分に向かったのを、監視哨長をしていた清長忠直先生（高幡中教諭）が確認している。

長官機の操縦桿は、臼杵出身の中津留達雄大尉がにぎった。長官機の突入したのは、十五日午後七時二十四分であった。敵側の発表によると、水上機母艦テンダー号に命中している。

〝入道雲のいいのはないかしら……〟と取材にきたNHKの記者は、そう言って両子山の彼方を仰いだ。運よく稜線の上に、すごい白雲が湧きたっていた。その雲は「アイよりも青い」紺青の夏空の中に、巨大な白クマの美しさを思わせる見事な積乱雲であった。記者はその雲を背景に、白熱の暑さをさける場所一つない飛行場跡のそこここを、つかれたもののようにシャッターをきっていた。

（45・8・13）

最後の場所

「何年ぶりどすか、宇佐空の特攻隊の慰霊塔にお参りするんは……ことしは、ほんまに、エエひよりで、よろしゅうおました。宇佐の八幡さまの桜も満開できれいどした。そういえば、あの日も、菱形池の桜が見事どしたナ。主人たちの〝八幡護皇隊〟の出撃が、あすになんのんか、あさってになんのんか、あのころのことでおますしナ、なんや、はりつめた氷のような毎日どしたナ……そんときどすか？……生まれたばかりの男の子がおりやあした。主人は、その子のため、コイのぼりの矢車だけ、中津で買うて、出てゆきやしたんや。

その子も、もう二十五歳になっとりまんのんどす。ほんま、もうそんな年になったンか、と思うほど月日がたったンどっせナ。……そうそう、まあ聞いておくれやす。あの子、父親ゆずりの一本気なところがあるよって、どないしても、防衛大学校にゆくんやいうてききまへんのや。それに〝僕、大きくなったらアメリカと戦争して、お父はんのカタキを討ったろう言いましてナ。……近ごろ、やっと、笑うて言えしまへんようになりましたけどナ。……世の中、平和になっとるようどすナ。

……帰りどすか？……こんどは、別府から船で神戸にでて、万国博を見せてもらおう思うとんのどす。あの人、まさか日本の国に、世界中の人たちが集まるなんか、夢にも思うとらんだと思いますのや。

戦争がすんで、あれから……わて、主人の故郷の丹波（兵庫県）で、百姓しとんのどす。七十九歳になるお父はんをかかえて、……きょうまで、ほんま、長い月日のような気もしますし、せんような気もしますしネ。

お父はんが、毎日仏壇にお灯明あげとる姿を見るたんび、二十五年、なんぼ、ですよって、別れてしまおうかいな、と思うたか知れまへんけどナ、今になってみると、やっぱり、一緒に住んでいて、よかったンやないかと思うとりまんのどすや。

そのお父はんがナ、ことしは、あんた、せがれのところに行ってこんか、というておくれやすのや。あの人の飛びたった最後の場所宇佐空が、わてら、主人の戦死したところと思うとりまんのや。……この辺、ほんまに変わりやしたナ、麦の穂も、菜の花もすくのうなってしもうて。そやけど、姿のエエ宇佐の山やまが、美しゅうおます。やっぱり、きてよかったと思うとりますのや」

戦没者慰霊祭は、ことしも十六日、旧宇佐空東端にある忠魂碑の前で行なわれる。


（45・4・15）

落日の憩(いこ)い

私の義弟Kの父君は、長年官界にいて功なりとげ、勲一等をもらって、この前他界した。退官して、からだが弱ってから、テレビをみることが日課になったが、K君の、何人かいる兄弟のうち、K君だけがシナリオライターなので、お父さんにとっては、不肖の子、というわけで、彼がものを書いてひさぐなんていうことを、ひどく気にしていた。

でも、年をとり、病気がちになると、子供のようになるのか、茶の間女優の小川真由美のファンになっていた。K君が、たまたま、彼の書きおろしたテレビドラマに主演していた彼女をつれて、病室を訪れた。お父さんは、びっくりして大変よろこんだという。

実は、私にも、八十を越した父がいる。父も、やはりブラウン管が唯一のたのしみで、特に山本富士子がごヒイキである。私が、お富士さんとも親しいK君にたのんで、ブロマイドや色紙をもらってくると、表情にはださないが、近所の人たちに、自慢してみせているところをみると、やはり、うれしいのであろう。

去年、私が病院に入っているとき、病室には老人の患者が多かった。隣の部屋が八十六歳と八十二歳になるご夫婦で、二人とも、からだが動かないので、朝起きると、付き添いさんに鏡をあわせてもらい、お互いのようすをたしかめあっていた。ときどき、見舞いにくるむすこさんが、農業だけじゃ生活がたたなくなったし、病院にあずけて、出かせぎに行くしか方法がないんです、と言っていた。

私たちの世代は、お互いに老父や老母をかかえる年になっている。近ごろのように、世の中のうつり変わりがはげしいと、お年よりは、この時代のテンポとは歩調があわず、とまどうことばかりであろう。おふくろも、七十歳が近くなった。

終戦の翌月、アメリカ軍が宇佐空の接収にきたとき、民間人の家も捜索にきた。そのとき、米兵にピストルをつきつけられても、家の女たちをかくまったおふくろである。あのころに比べると、おふくろも、ずいぶん年をとった。近ごろでは、よる年なみをグチるときが多くなったが、リルケの詩に、落日の平安を祈る老人の詩があった。私たちが落日の憩いを願うには、現代はあまりにも荒廃しすぎてしまったようだ。

（47・4・16）

終戦の日が近づくと

八月に入って、暑い日が続くと、なぜか戦争を思いだす。とくに、終戦前後の話は、「日本の一番長い日」などで語りつくされている。御前会議に列席した最高戦争指導会議の中に、本県出身の将軍が四人もいたと思うと、妙な気がするのである。中津市出身の池田純久陸軍中将は、その中の一人で、中将の著書「日本の曲り角」を読むと、そのときの緊迫した空気を知ることができる。

あと、阿南惟幾陸軍大将に、統帥部の梅津美治郎陸軍大将と、豊田副武海軍大将の三人である。八月十日、ポツダム宣言受諾の通報を連合国に発してから、十二日、その回答を短波で受信するが、有名な、天皇の地位が「連合国最高司令官の権限に従属する……」という問題のくだりにひっかかって、阿南陸相は、梅津総長と〝一億玉砕と死中に活を求める決意〟を披瀝して、御聖断の変更を陛下に奏上し、豊田総長は、大西次長と参内して〝本土決戦の準備はできました。戦争を継続させてください〟と列立奏上している。

たしかにそのとき、内地には一万台の飛行機と、二百二十万人の軍隊はいた。が、六十歳の老兵を加えてであり、食塩も、九月分までしかなかった。この列立奏上を知って、烈火のごとく怒ったのは、米内光政海相である。二人の海軍の両巨頭を大臣室に呼びつけ、〝御聖断が下った以上絶対である〟と珍しく大声でしかりつけたという。

阿南陸相は、巷間、主戦派にもくされているが、あのとき、鈴木貫太郎総理に、辞表をたたきつけておれば、内閣は崩壊し、終戦交渉は時を失していたはずである。それをせずに、最後まで鈴木総理についていったのは、阿南陸相に、ポツダム宣言受諾のハラと、日本陸軍を代表する名誉と責任を重んじる心があったからだろう。だから、梅津総長の、クーデター拒否を確認してから、詔勅の放送を待たずに自刃したのである。

八月九日、御聖断が下って、阿南陸相が陸軍省に帰ってきたとき、青年将校たちに取り囲まれたが、そのとき、〝やるなら阿南を斬ってからやれ〟と真っ赤な顔をしていったと、この本にも書いてある。

終戦の日が近づくと、いろいろなことが思い出される。戦争の思い出は、私たちの世代には、いえることのない傷あとなのであろうか。（47・8・11）

年賀状を書くときに

年賀状は、束になったのをめくるときも楽しいが、書く時もまた旧友の顔が浮かんで懐かしい。私のは、小学校の同級生から日ごろの取引先まであってちょっとした厚さになるが、なんといっても、宇佐空関係者の人たちに書く時は、いつもたまらない気持ちになる。

特に、真珠湾以来多くの空戦を闘ってきたM少佐は、私の少年期の追想を柔らかく包んでくれる郷愁の人だし、またハワイ、ミッドウェー、南太平洋海戦と転戦、ついに南溟の空に散ったN少尉とその人の未亡人K子さんは、K子さんが宇佐の人だけに、戦後、N少尉の郷里の天草で一家をになっている賀状を手にすると、わけもなく、悲しくなってしまう。

N少尉が、空母飛龍に乗り組み真珠湾を攻撃、帰途ウェーク島攻略に参加して佐伯湾沖に帰投。突如、宇佐空の上空を暗緑色の翼でおおって、私たちを驚かせたものだった。N少尉と、当時隣町にいたK子さんとが結ばれたのはその時であった。

今年も、そんなK子さんへの何回目かの賀状に筆を走らせている。N少尉が、ミッドウェーなどかずかずの空戦で九死に一生を得、内地へ後送されたほんのつかの間、男の子が生まれたが、その子ももう三十歳を越すはずだ。

いつだったか、あれはたしか天草五橋が出来て間もなくだった。私は五橋を渡り、濃いあい色の海を見ているうちに、無性にK子さんに会いたくなって、本渡市のK子さんの家まで足をのばしたことがあった。二十数年振りに会うK子さんには昔日の面影はなかった。

〝息子さんは?〟と私が問うと、

〝……自衛隊に入りました。……父のカタキをうつんだなんて言いましてね〟

〝父のカタキ!?〟一瞬、私はハッとなって耳をそばだてた。が、私にもかつて心の底のどこかでそれに似た感情のゆらめいていた時代のあったことを思いだして苦笑した。

はげしい時代の変転の中を、K子さん母子はどう生きているだろうか。

私は賀状のすみに有為転変のはかなさを嘆じ、沢庵和尚の好んで書いた夢の一字を添えて送った。

（48・12・22）

郷里にいると

この前、京都から、見知らぬ人がやってきた。私はあいにく出かける前で都合が悪かったが、その人が、前、宇佐空にいた海軍中尉だというので、とにかく、時間をさくことにした。

〝三十年ぶりです。……どうしても宇佐空を訪れて、菩提を弔いたかったんです〟

〝菩提⁉〟と私がいぶかると、

〝ええ、飛行機の訓練中の事故で、私の乗った九七艦攻が、西の方から着陸態勢に入った瞬間、どう間違ったのか、下から、フラフラと二枚羽根の九六艦爆一機が上がってきましてね、私の機に接触、あっという間に墜落したんです。両機の搭乗員は四人殉職。私だけ一人助かりました。落ちた場所がお寺で、気がつくと、お寺の和尚さんに抱かれていたんです。だから、そのお寺を探し回ったんだけど、どうしてもわからない〟

わからないはずである。宇佐空の周辺は、今、当時の面影は跡かたもない。数次にわたる空襲のため、中尉の記憶に残っているお寺は焼けてしまい、あるいは和尚さんも亡くなってしまったのかもしれない。

〝しかたがないので、それらしい場所で読経してきましたが、ぜひ、そのお寺を探してほしいんです〟中尉の言葉に、私はお寺をさがすことを約束して別れた。

郷里にいると、昔、宇佐空にいたという海軍さんが、よく訪ねてくる。特に四月は、宇佐空からの特攻出撃が続いたし、二十一日は、宇佐空がB29の空襲をうけて壊滅。中でも海軍予備学生の戦死者が多く、花束をささげにくる同期の桜が後を断たない。今、生き残っている彼らは、社会の中枢で力いっぱい仕事をしているが、慰霊塔の碑銘に戦友の名前をみつけては、まぶたをぬらし、三十年前かつて燃やした純忠の心に思いをはせた。

〝これで、三十年間、私の中にずしっと重かった重石の半分がとれました〟という中尉が別れ際にいった言葉を、ふと私は思い出した。あとの半分の重石は、当時のお寺を、私が探しだした時であろうか。そのことが郷里に宇佐空をもつ私のつとめでもあるような気がした。

（49・4・30）

夏雲

今年は、梅雨あけが順調だったせいか、周防灘に浮かぶ夏雲が、ひときわ巨大で絵にかいたように美しい。海をまたぐ積乱雲の塊は、形が大きいほどうける感触は男性的で勇ましいが、夏空を背に、綿のように浮くシルエットの中には、ときどき感傷を誘うもの哀しさも秘められている。

豊田穣の小説「夏雲」は、そんなますらおぶりにかくされた青春を素直に描いているところに特徴があるが、夏の雲は、私に氏の「夏雲」を思い起こさせてくれた。

私が「夏雲」をはじめて読んだのは、作品の掲載された別冊小説新潮を、大分合同新聞社のH氏が送ってくれた時である。主人公は海兵六十八期。作者の分身が、霞ヶ浦航空隊から、宇佐空へ転勤してきて、それは、たった五ヵ月あまりの記録でしかないが、二枚羽根の九六艦爆を操縦しての急降下爆撃の様子が、ディテールにわたってかきこまれているので、興味をそそられた。

私たちはあのころ、旧制中学に通う少年であった。八面山の真上から、航空隊の指揮所をめがけて、逆落としに突っ込んでくる二枚羽根は、あわやと思わせるあたりで機首が引き起こされる。そのときの、耳をえぐる唸音の異様さは、県北の人ならずとも思い出されるはずである。

主人公の飛行学生たちは、訓練の合間、中津市の筑紫亭で芸者遊びに興じるが、そこには、「雲の墓標」とはおよそダンチな飛行学生たちのはちきれる青春があった。その後「夏雲」は、筆者の自伝的小説「海の紋章」の中に、一章となっておさめられているが、単行本には、佐伯や大分や別府のことが、ふんだんに出てくるので懐かしい。

先日、その豊田氏が奥さん同伴で宇佐空を訪れてきた。まだ、柳ヶ浦高校の前に、多くの弾痕を残してたっている裏門のあたりから、掩体壕（えんたいごう）のある畑田付近を回って、旧飛行場のあとを一周した。あいにく雨で、艦爆の降下地点であった八面山は煙って見えなかったが、レンゲ草を摘（つ）んだ駅館川畔など、氏はいやに懐かしそうであった。

〝また、きますよ〟。別れぎわに氏は言った。死をかけた青春の地は、魂をこめて生きてきた人たちが健在なかぎり、風化することはないと思った。

（50・7・26）

初出場のかげで

　この夏の甲子園大会には、まさかと思っていた地元の柳ヶ浦高校が初出場した。一回戦で、岩手県の花北商業を下してから、榎本悦生投手の快腕に魅せられた私たちは、二回戦の相手が、名門の中京高校となったが、もしかしたらという運のつきを願う気持ちがあった。

　ところが、奇しくもその対戦の日が三十一年目の八月十五日。柳ヶ浦高校が、かつての宇佐海軍航空隊の真ん前にあり、校舎の一部が特攻隊員の宿舎にあてられていたという当時の様子を聞かされれば、中央のマスコミで、見のがすはずがない。旧盆の中の日、ある新聞社の社会部から電話がかかってきた。

　電話は、柳高ナインが終戦記念日の正午、グラウンドにたつ姿をどう思うか、といういきなりの質問であった。何かにつけて、イベントと結びつけたがるジャーナリズムのくせを、私は百も承知のはずだったが、甲子園のグラウンドで黙禱（もくとう）をささげる生徒たちの姿を思い浮かべると、何か、因縁話めいた感慨もないわけではなかった。

　受話器の相手も、三十一年前の五月十四日、B29の宇佐空空襲の際、現今永親校長の実父にあたる今永益美先生が、直撃弾をうけ爆死している痛恨事には、さすがに、胸をいためたようだった。私も柳ヶ浦高校が明治四十三年、吉用（よしもち）スエ先生の裁縫学校に端を発して以来の私学興隆の悲願が、今日の快挙で報いられたことに、いささかの感慨をおぼえた。

電話の主は、二回戦をものした時を想定したのであろう。質問の内容は、もっぱら爆死した益美先生の生前の人となりについてであった。私は昭和十五年三月、先生が中津中学（旧制）を去る時、全校生徒を前にして言った惜別の辞を思い出して、記者に告げた。

〝気概ある人間になれ！〟

あの時の一段と高まった調子の声が、今も私の耳を打つ。

現在、柳ヶ浦高校は、女子の淑徳とあわせて、男子には自立と責任など五つの目標をかかげているそうだ。気概が、きっとその主調低音となって響いていることであろう。高校野球は、技量、力ともに差が少ないと聞く。とすればあとは気概だけ。柳ヶ浦高校の未来に希望をもちたいのである。


（51・8・26）

赤いマフラー

もう、三十年来のことになるが、明け方の浅いまどろみの中にいると、宇佐空にいた飛行機のエンジンの調整音が、遠く潮騒（しおさい）のように響いてきて、私の目ざめをうながすことが、ときどきある。間もなくそれは、家の傍（かたわ）らに据えられている水揚げポンプの動力音であることに気がついて苦笑するのであるが、そんな日常の音が今でも戦争中の音につながる不思議さに、思わず、はっとすることが多い。

たしかに、私の周囲は平和の音にみちみちている。それを戦時下の音と錯覚するのは、私の神経が異常だからなのか。近ごろ、戦後をたってしまった月日が、戦争体験を風化してしまいそうだと言う者があるが、果たしてそうであろうか。

この前、兄を特攻で亡くした人の書いた小説「鴇(とき)色の武勲詩」を読んで、戦争文学が、戦場体験者からではなく、一世代隔たった人たちの中から出てきているのに、新鮮な驚きを感じている。

物語が、作者の兄が、九州のK特攻基地から出撃するとき、赤いマフラーを首に巻いていた、という話からはじまる。両親が、兄に贈ったマフラーは、自分も知っているが、たしかに純白の羽二重であった。それが、トキ色に変わっていたのはなぜなのか？ きっと兄には、それを送ってくれた恋人（？）がいたからに違いない。

作者は、三十年前にいた兄の恋人を求めて、この国に生き残っている兄の戦友たちに当たって、ことの真相に迫ろうとする。そして、初めて訪れたかつての特攻基地K市で、今はバーのママになっているシーチャンという名の、五十歳近くなっているかつての少女に会う。だが、シーチャンは赤いマフラーの贈り主ではない。

人によってはマフラーの赤かったのは、零戦が飛びたつとき、払暁(ふつぎょう)のため、輝く朝日の光芒で、マフラーが赤く染まっていたのだともいう。

いずれにしても、そのなぞは解けない。解けないところに、癒(い)えることのない戦争の傷跡のうずきも、消えないような気がする。

（52・8・15）

夏、女子学生たちと

毎年、八月になるとジャーナリズムは戦争体験の話題でにぎわっていた。が、今年はなぜか書店の店頭をのぞいても、それを追っている雑誌は少ないような気がする。大学生の大半が、昭和三十年代生まれの人たちに占められてしまったからなのか。それとも、戦争体験それ自体が、思い出の中に埋没して、神話化されそうなためなのか。まだ十年前には、阿川弘之の「雲の墓標」を卒業論文のテーマに選んだからといって、宇佐海軍航空隊の記録を私のもとにたずねにくる〇大の女子学生もいたのに。

私が、死を前にして思い悩む海軍予備学生たちの、特攻出撃前夜の話をすると、必ずといっていいほど、彼女たちのつぶらなひとみが涙であふれていたものだ。それらの乙女の中には、宇佐空跡にある特攻出撃者墓碑銘にささげるといって、日の丸の旗を編んできた人もいた。

それから十年後、といえば現在だ。

今年は、若い女子学生たちが帰省してきて、私は、あるグループと話す機会があった。時は夏、終戦の月だから、戦中派の私は、当然、戦争中の話題をだす。彼女たちの中には、もう、「雲の墓標」というタイトルさえ知らない者が多かった。でも、たまたま話が特攻出撃のくだりに及ぶと、その中の一人が、

〝そんなに、死ぬことがイヤだったら、特攻なんぞ志願しなきゃ良いのに!!〟

アッケラカーンとしていう一人の女子学生に、私の方で、アッケラカーンとしていると、私の気持ちを傷つけたと思ったのか、グループの一人が、何か、すまなそうな表情をしてくれた。〝イヤだったら、よす〟という理屈をくつがえす論理を、残念ながら私は、この三十年間に持ち合わすことができないままだった。でも、私とはひどい断絶の中にいるはずの女子学生たちの中にも、まだ、いくばくかの心づかいを見せてくれる人がいたわけだ。

だが、これから先の十年のち、かりにその時代の女子学生たちにあって、同じ話になった場合、そんな心づかいを示してくれる若い女がいるだろうか。シラケ鳥にされてしまいそうな気がしてならないのである。（53・8・12）

年末のエピソード

先日、中津のTさんから長い便りをいただいた。お手紙は、拙著「僕の町も戦場だった」に関することだった。それは、中で触れているハワイ真珠湾攻撃のとき、「宇佐海軍航空隊からも飛行機が参加したのだろうか」という疑問によせられた一文である。

Tさんは、宇佐空の開隊当時、艦爆の隊長であった高橋赫一少佐の長男である。手紙によると、少佐は昭和十六年八月、宇佐空から航空母艦「翔鶴」の飛行隊長に転属。真珠湾攻撃の後、翌昭和十七年四月「珊瑚海海戦」で戦死、二階級特進した勇士である。Tさんが送って下さった資料は、ハトロン紙の封筒にいっぱいあった。

文面によると、宇佐空からの真珠湾攻撃参加のことは、心情的にはイエス。物理的にはノーとのことである。

「物理的には」という意味は、航空戦隊編成上のことで、宇佐空は、当時練習航空隊であったので、実施部隊に編入されるなど考えられないことであった。しかし、昭和十六年十一月、連合艦隊は佐伯湾にいて訓練にはげんでいたので、あるいは、母艦の艦載機が大分海軍航空隊や宇佐空を別目的で使用することはありえたはずである。

お手紙は、そのありえた疑問の一つに心情的な解答をよせられている。そのころ、少佐は家族を中津市に住まわせていたので、ハワイに出撃するときも、またハワイから帰ってきたときも宇佐空を使用、司令のクルマを借用して中津の居宅に帰っていたそうだ。柳ヶ浦の住民の間で長いこと疑問だった零戦や九九艦爆が、宇佐空の上空をとんでいた開戦前のなぞがこれで解けたことになる。

少佐は、二十三日に帰ってきた。が、二十九日に再び宇佐空からたつ。いれちがいにウェーキ島攻撃のため、寄り道した空母「飛龍」「蒼龍」の搭乗員たちが爆音をとどろかせて帰投してくる。

戦争にまつわる三十七年前のエピソードなど、いまの若い人たちには茶のみ話にもならないだろう。少年期の思い出が鋳型と化してすでに久しいが、年の瀬になるといつもそんなメランコリックな思いにからられるのである。Tさんの手紙で、今年の年末はとくに感傷的になった。

（53・12・27）

山口百恵考

山口百恵が、金のステージシューズをぬいだ。ホレた男と新家庭をきずくためだ。この靴、いったんぬいだら、二度とはけないことぐらい、本人が、一番よく知っているはず。にもかかわらず、あえてサンダルにはきかえ、料理作りにはげむという選択をとった百恵に、芸能人として生きてゆく限界をみる。

十九歳のとき「紅白」でトリをつとめ、レコードだけで、一千万枚を売るほどの文字通り七〇年代での金の星だった。そんな百恵って、いったい何だったのか。決して美人とはいえない、しかもX脚。歌だって特別うまくないのに、何故、日本国中のヤングや夕暮れ族にまでアイドル化されていたのか。事実、高視聴率、高収益をあげ、プロダクションや映画会社のドル箱となっていた。

でも、彼女の、どの映画やテレビを見ても、そのあたりの町かどをタンクトップ姿で歩いてくる女の子と、さして変わらぬフィーリングなのに、彼女に空前の人気が集まっているところに、私は、時代の怖さを感じるのである。

三、四年前だった。百恵が、少女から娘になろうとした時、百恵の蕗子役で「雲の墓標」が企画されたことがあった。そのころの、「つっぱる百恵」からそんな発想が浮かんだものと思うが、蕗子は、所詮、戦中派の大和撫子（なでしこ）。フリージアを思わせる百恵に、抑制された美を望むのは、ちょっと無理。

でも、百恵を見るとき、私はいつも三十年前の美空ひばりにピントが重なる。が、すぐずれてしまうのは、演歌のひばりが、小節をはずして歌う百恵にとって代わられたからだと思う。五、六〇年代と七〇年代の差だろうか。だが、ひばりの実力に比べて、百恵のは、自前、というより、プロダクションや、マスコミによって栽培された、いわば「ハウス物」。高成長からリセッションへとカーブした七〇年代の中で、庶民が憧れた人工の花だったとは言えないだろうか。

そのことは、三十年後、四十年前に作られたバーグマンやヴィヴィアンリーの顔がいま見ても新鮮にうつるほど、いまの百恵の映像が、三十年後、果たして、今日ほどの印象で大衆に受けいれられるかどうかということである。（55・12・2）

春の感傷

また、本や資料があふれてきた。でなくても狭いわが家なので、一年に一度は整理して、当座、必要のない際物類などダンボール箱にしまわなければ、足のふみ場もなく、ほこりとかびのにおいにむっとする。今月も、天気の良い日に思いたって片付けた。本棚の書物もいれ替わり、ちょっとした気分転換にもなった。

でも、その中で、三十七年間、あいも変わらず一隅を占めている一冊がある。岡本かの子随筆集「散華抄」だ。昭和十六年版だから、かの子が亡くなってから夫の一平が再編集した本だろう。私の書架にあるのは昭和十九年五月発行の三版である。だから表紙も普通の厚紙、中身はもちろん仙花紙だ。

そんなみすぼらしい一冊の本だけ、広辞苑とともに、なぜ、私の書棚から消えないのか。散華抄は、戦争中の版だから、見返しと奥付の間に遊び紙がない。表紙裏に、私がまだ少年期から青年期に移るころ、なんとなく幼さの残った字体で書いてあるのが思いを新たにする。「予備学生十三期K少尉の遺品、昭和二十年四月二十八日、沖縄に突入」

K少尉は、昭和十九年、宇佐海軍航空隊に、艦上爆撃機の練習生として約半年いた。外出が許されるようになってから私の家に下宿した。そして、私にトルストイを解説し、岡本かの子をすすめてくれた。トルストイの何冊かは、彼が戦場に持っていった。散華抄は、やがて戦争にゆく私のため、座右の書にしてくれと形見にくれた本である。

K少尉は、特攻出撃する日が分かっていた四月、鹿屋に転進する直前、宇佐空に寄ってきて、〝ママさん、私は死なないよ〟と、母に言い残してたっていったという。死が、必然の運命だったからそう言ったのか。散華抄の中に、「生を悦ぶ心は、また死をも肯く心である」の一節もある。K少尉は、生と死が交錯する接点をさ迷うとき、散華抄の一字一句を吟じたであろう。

現在の平和が、K少尉たちの犠牲の上の爛熱であることに異論を唱える人はあるまい。宇佐では、五月一日、大園遊会が催される。もし、K少尉が生きていたら招待ができていたのに、と残念で仕方がない。（57・4・28）

襟章

父の葬儀をすませたかというように、梅雨に入ってしまいました。ご存じのように父は雨が嫌いでしたので、きっと、天の方で遠慮したのでしょう。このたびの父の死去のこと、遠くの方にはお知らせしなかったのに、ご丁寧なお悔やみをいただき恐縮しています。

M様。あなたには、私、もう二十年近くお会いしていません。父は、あれ以来ですから三十七年お目にかかってないわけですのに……M様からのご弔電を拝見したとき、ホントにびっくりしました。考えてみますと、あなたと父とは不思議な縁でした。あなたが、空母「飛鷹」から、艦爆の隊長として「宇佐空」に転勤してきた時、私の家に下宿なさいました。昭和十九年の初秋でしたね。

その時、父は旧柳ヶ浦町の警防団長でした〝おじさん、あんたエラインだネ〟と、少佐のあなたが、桜が三つ、父の団長の襟章を見てそう言ったのを覚えています。翌二十年四月二十一日、B29の大挙来襲です。

父は、三月になってからずっと防空指揮所に詰めっきり。あなたは、宇佐空が特攻基地になってからほとんど外出もなく、奥様をあずけっぱなしだったとか。で、あの被爆のあと

〝パパさん、大丈夫か！〟とかけつけてくれたのがよほどうれしかったらしく、酒が入るといつも話していましたが、あの頃の人たちはほとんど亡くなってしまいました。

今年のお正月でしたっけ、電話で〝パパさん百歳まで生きるよ、その元気な声だったら〟と年始して下さったのに、まさか、一年中でもっとも気候の良い五月に終焉を迎えるなんて。天寿とはいえ、やはり残念でなりません。おかげさまで最後の時は、私、左の手をとっていましたが、ことが、いつ切れたかわからないような安らかさでした。

よく太陽が山の端に沈む静寂の瞬間がありますね。私は父にあんな平安な〝死〟を願っていましたので、脈が終わったとき、これで永遠の中に抱かれるという思いがひとしおでした。でも、日本の格調高い美しい時代を生きた証人が消え去った寂しさは隠せません。

初七日を終え、日がたつにつれ、思い出に胸がつまる日が多くなりますが、同封の襟章はあの時の団長の階級章です。形見として少佐殿のと一緒にしまっていて下されば幸甚に存じます。

（57・6・15）

昭和ヒトケタ世代

忘れてはいけないことを忘れていた。

〝あの本は、もう手に入りませんか〟と、いきなり初対面の人から尋ねられたとき、しばらくどういう意味だかわからなかったが、実は、二十年前に書いた「僕の町も戦場だった」

（柳ヶ浦町史附録）がどこを探しても無いということだった。

宇佐空。私にとっては少年期の記憶の大部分を覆う心の被膜なのである。宇佐空の犠牲者のレクイエムに黙禱するその人も、旧制中学下年時のとき、スキッ腹に耐えながら掩体壕作りにかりだされたあのころを、ノスタルジアめくがと断わりながらも、やはり、四十年近くも前の少年期が忘れられない昭和ヒトケタ世代の純情さを、自嘲をまじえて語ってくれた。

今では、晩夏から初秋にかけては、きまって、終戦で死の壁が突然あき、精神が無重力状態と化していたのを思い出していたのだが、今年は、なぜか雑事と高校野球に気をとられて八・一五さえ忘れていた。

というのも昨年、反戦ドラマを書いたとき、NHK（東京）のプロデューサーから、〝良いかげん鉄砲を捨てたらどう⁉〟とボツにされていらい、そういえば、私の心のどこかに、わざと、反戦ものを避け、逆に、当節の遊びの世代に迎合するホンも書けてこそ現代を描き得る証拠と錯覚していたことも否めない。

映像芸術が真実を追求して視聴率が上がらないからと慨嘆することは誤りである。文学でも、昔からのけ者や弱者のつぶやきや、ドストエフスキーでさえ、時代の悲鳴を描いて不滅の光を放っているではないか。現代の強者が、豊かさに迷う遊びの世代であるなら、弱者は、乏しさに苦しみ、競走社会をくぐりぬけ、「熟年」とからかわれている昭和ヒトケタ世代かもしれない。と思うと、私は忘れてはいけないことにこだわる執念こそ、昭和ヒトケタ世代の意地だと思った。

（58・9・5）

死者たちの遺言

ときどきテレビにはひどい番組がある。見る人が多いから放映されるのだろう。そんなとき、現在の自由と平和が今次大戦で死んだ二百三十三万人の犠牲者の上にあることを忘れてしまっているようで何ともやりきれない。やはり、私たちは戦中派だからだろうか。

七月十三日、NHKから流された「死者たちの遺言」は、そんな忘却の風潮に杭をうちこんだ。

作品は、終戦まぎわ人間魚雷回天で殉死した学徒兵和田稔少尉が、妹さんにあてた手紙と、残された遺書をもとに描かれたドキュメンタリーである。製作は「山口放送」(徳山市)。地方の民間放送の作った番組を、NHKが全国放送する度量にまず敬意をはらいたいが、一地方局が、きわめて質の高い作品を作ったことは驚異にあたいする。製作者は女性である。県内にもなじみの多い磯野恭子さんだ。

冒頭、千鳥ヶ淵戦没者墓苑で旧軍人が二人、ラッパを吹いているシーンから始まる。ラッパのかすれた音は、戦後社会の象徴のようで、あれから四十年、磯野さんの戦争への怒りと、戦争体験が風化しつつある現代への訴えが静かに伝わってくる。

山口放送での初放映は、たしか、今年の二月だったように思う。その反響は大きく、殉職した和田少尉にかかわる人たちの消息が糸をたぐるように分かってきて、一時間物にふくらんだ。

毎年八月になると、マスコミは思い出したように戦争告発番組を企画する。日ごろが日ごろだから罪ほろぼしの感がなくもないが、「現在、世界の中では四十一ヵ所で戦争や紛争が行なわれており、この四十年間に千六百万人もの人間たちが非命の死にたおれている」という。

死んだ人たちは決して帰ってはこないのだ。作品の中で、戦友のひとりが、「……生き残ったわれわれが、金、金、金の、こんな日本にしてしまって、死んでから彼らにあわせる顔がない」と言っていた言葉が印象に残った。（60・8・2）

税務署から電話です

〝デンワ?　税務署からです〟

いやな予感がした。酒屋は国税を預かっているので税務署とはとりわけ密接。いわば、クルマと信号機のようなもので、いつも点滅状態にあると思って良い。またミスったと思い、私はおそるおそる受話器をとった。

ところが違う。まことに丁重なのだ。相手は署長だった。

〝……実は、お願いがあるんです……〟

〝!?……なんでございましょう〟

〝宇佐空始末記を貸してほしいんです〟

「宇佐空始末記」というと、二十三年前に書いた「僕の町も戦場だった」である。

〝それが要るんです……今度、国税庁長官が宇佐空の慰霊祭にお見えになるものですから……その時、あなたの著作を読みたい〟

という。もう、十年以上前の話である。そういえば「僕の町も戦場だった」は少ししか刷っていなかったので、幻の著書になっているらしい。

長官は、大戦中、学徒出陣の海軍予備学生十四期で、宇佐空にいたそうだ。宇佐では篤志家によって、毎年春、慰霊祭が催されているが、多くの予備学生が特攻機に乗って飛びたっている。署長からは、長官は私的に出席するらしいのでマスコミには絶対口外しないでほしい、と固く口止めされた。

国税庁長官なんていうと、私ども零細な地酒のメーカーにとっては雲の上の人である。慰霊祭に、そんなお方が参列するとなるとマスコミでも格好な話題になるはず。柳ヶ浦の宇佐空跡では、昭和二十九年から慰霊祭を続けているが、テレビはまったく報じないし、新聞も写真がつけば良い方だ。しかし、現職の長官が東京からかけつけるとなると、絵になり記事になる。

内密にしてほしいと言ったのは長官の指示か、それとも税務署長の判断か。その日、私は祭事が終わるまでだまっていた。

四月十六日、三十四回目の慰霊祭が行なわれる。（62・4・15）

四十五年ぶりにみる映画

　雲の切れめに一瞬のぞく真珠湾。雷撃機から目を光らせて指さすのは藤田進の攻撃隊隊長だ。日本のハワイ奇襲部隊が高度を下げ、狭い山あいを抜け、フォード島に碇泊していた米国太平洋艦隊の主力をハヤブサのように襲う映画、「ハワイ・マレー沖海戦」を四十五年ぶりに見た。ノーカット版なので正味二時間。

　アメリカには悪いように戦艦をボコボコ沈めるが、今見ると、何のことはない、戦争中の戦意高揚映画だったのだ。

　私たちがこの映画を見た時はまだ中学生で、確か、学校からつれていってもらった。話は、海軍士官のいとこにすすめられて予科練に入った少年が、一人前のパイロットになり、真珠湾にゆくという筋だった。

　映画の見せ場は、真珠湾と、マレー沖で、プリンス・オブ・ウェルズ、レパルスの二戦艦を轟沈させる特殊撮影だ。攻撃機の放つ魚雷は全弾命中。高い水柱を上げるから当時の軍国少年が興奮し、血わき、肉踊るのも無理はない。

　が、四十五年たってみて、航空母艦艦長の大河内伝次郎が、出撃に先だって「天佑」を言い、成功してはまた「天佑神助」を口にする。その時、なぜか気の抜けたドライビールの味を思い出したのは流れた時のせいか。

聖戦のはずが、だまし討ちだったのも後味が悪く、アメリカの謀略にひっかけられたと言う人もいる。が、いま一つ釈然としないのは、戦後分かったいろいろな情報はともかく、開戦の仕方がフェアでなかったという後ろめたさが意識の底にわだかまっているからにちがいない。

大河内艦長が、天佑、と力めば力むほど、半年後のミッドウェー海戦は僥倖さえなくむなしい。ミッドウェーでの戦死者は日本側三〇五七人。アメリカ三六二人。以後、彼我の形勢は逆転する。六月五日はその日から四十六周年になる。（63・6・4）

一つだけの質問

七月、中学生の肉親殺しがあった。五十年前、少年だった世代には、残念ながら犯行の推理は重荷である。

似たような事件は、どこの家庭でも、また、いつ起きても不思議ではないという。世間は一体、どうなっているのか戸惑ってしまう。

昨年の夏休みだった。平和授業の教材にしたいと言って中学生二人の訪問をうけた。二人は折り目の涼しいズボンに純白のカッターシャツ。適度に礼儀正しく受け答えにも臆せず、好感度満点の少年だった。ひとりが、

〝平和授業があるのです……郷里の戦争体験を教わり、皆に報告するのが課題です。昔、こ

こに、特攻隊の基地があったと聞いていますが、その話を伺いたくてやって参りました〟

そう言ってカセットを準備する少年の顔は、うらやましいほどあどけなかった。私の脳裏に、さっと、四十三年前の光景がよぎった。

〝ところで君たち、宇佐海軍航空隊のことを、ご両親か、おじいちゃんたちには聞いているの？〟

と尋ねたが、二人とも、おじいちゃんの記憶は不確かで、両親の体験は無いにも等しいという。

約二時間、私は、柳ヶ浦村に海軍の航空隊が建設され、戦争末期に特別攻撃隊が出撃したが、やがて、B29の大空襲をうけ、飛行場は壊滅、多くの民間人が戦死した経緯をくわしく説明した。

その間、ずうっと正座していた少年たちの可憐な姿に、あのころのしつけの良かった中学生の顔がダブって、昔も今も少年たちは変わってないじゃないか、と思った。ところが、少年たちが座を立とうとした帰りぎわ、

〝おじさん、ひとつだけ質問があるのです〟

〝……どうぞ〟と私は言った。

〝特攻に出たら、いくら、お金が多くもらえるのですか？〟

邪心のない声変わりする前の声だった。

私は嘘をつかれ返答に窮した。


（63・8・15）

陛下に申し訳ない

私のクルマはクラッチつきである。二十五年前、ノークラッチの出始めに買ってみたが、面白くないので五段変速にUターン、ずうっと愛用してきている。ところが、困ったことができた。レバーを握る左手を痛めたのだ。五十肩である。

還暦をすぎて五十肩とは厚かましいとひやかされるが、これは患った人でなくては分からない。激痛と不快感に苦しむ。とくに運転の時は、ギアを持つ手首が肩に連動して周囲にひびくのだ。長びく、半年は普通、一年、二年は続くという。だからナースたちに気の毒がられ、〝お大事に〟と声をかけてもらえるのがせめてもの慰め。

先日、痛む肩をおさえて同窓会に出たところ、医者になっているクラスメートが、〝老化だよ〟という。

〝何か良いクスリはないのかね〟

すると〝む……〟とうなった彼、

〝お互いに年をとったということ。ほっといても治るけどネ〟

〝ほっといても!?……〟と、体験ずみらしい彼の顔を、私は希望をもってみつめた。

五十肩には思い出がある。戦後のある時期、宇佐空にいた伊藤良秋少将にお会いした時のこと。少将は昭和十六年十二月八日未明、台湾の高雄基地からフィリピンに攻撃をかけ、ケンダリーまで進撃。昭和十七年夏に宇佐空に転勤してきた司令だ。

その年の秋、五十肩におそわれ、亀川の海軍病院に入院している。ガダルカナルの攻防膠着の時だし、戦列を離れていたので、〝天皇陛下に申し訳ない思いをしましたネ〟という少将の声は、しんから申し訳なさそうだった。

当時、私は若かったので、五十肩が、陛下に謝らなければならないほどの病かと不思議な思いにかられたが、今、自分がその齢になり、痛みにたえつつ時計の針を五十年近く戻さなくとも、〝陛下に申し訳ない〟の一言は共感できるのである。（63・11・28）

昭和二十年、二十一年のお正月

「昭和二十年一月一日　快晴。總員起し四時、一種軍装にて〇四三〇出発、宇佐神宮に参拝。七時帰隊、八時軍艦旗掲揚。つづいて遙拝式。一〇〇〇道場にて準士官以上祝盃。会食なし。直ちに外出」

小説「雲の墓標」の一節だ。この日、学生だった私は、自転車をこいで宇佐神宮へゆき、昇殿参拝して武運長久を祈った。十日後に、死が既定の事実であった出征をひかえて重ぐるしい日々だったからである。でも、戦局の劣勢は庶民にまで伝わらず、巷には正月らしいはなやいだ風景が多少残ってもいた。小説でも、「汽車の中はさすがに色めいて、女の晴着、酒に酔った赤い百姓顔、田舎の正月の気分に充ちていた」と書かれている。

しかし、私の気分は暗かった。これが最後になるであろう宇佐神宮の参拝、そして、故郷の山河、と思うと、どうしても感傷が先にたち、心は揺れた。

一年たって昭和二十一年。この年の元旦はおだやかな晴天だった。神宮では昔から午前零時を合図に西大門があくと、参拝者の列が渦と化すが、この年は、電灯が灯らず、アセチレンガスをたくわびしさだった。電気は、占領軍が優先だったので、日本人の家庭まで配電する余裕がなかったのだ。

そのうえ、神道の粛正は占領政策最大の課題であったから一層悲惨だった。緒形惟栄の叛乱や大友宗麟の焼き打ちに匹敵する受難の一コマと今も私は思っているが、宝物館にあったおびただしい日本刀は一振りも見当たらず、転変した現実は軽便鉄道の蒸気のように悲しかった。

だが、底抜けに明るい元旦だった。こしの強い雑煮餅、挽茶入りの芋金団、さわやかなハゼの出し汁、つやの良い黒豆、鮮やかなにしき玉子と、あの年のお正月料理はまずしかったが、最高にうまかったのを昨日のように思い出す。（64・1・4）

季節のたより

憎たらしいじゃないですか。あす掘ろうと楽しみにしていた五センチほどのタケノコ。朝、クワをかついで行ってみますと、根っこごと食われているんです。イノシシですよ！　なぜですか。この冬はイノシシが多うございましてね。

そういう都甲谷のSさんから、やわらかいタケノコの初物が到来した。三月の終わりだった。ことしの冬は暖かかったので、季節は駆け足で通り抜けたが、生シイタケにセリ、ツクシも二月に頂いた。Sさんからの季節のたよりである。タケノコが終わると、新茶とワラビに変わる。

かの女は、太郎天さまのいる屋山の裾に住まっているので、両子寺や長安寺にお参りしての帰り、お宅に伺うと、ガケに自生している草木を上手にアレンジして、四季それぞれのにおいを楽しませてくれる。とくにお母さん直伝の山菜の味つけは絶品。今は、自然な物ほどリッチなのだ。

そんなSさんから届いた伝承料理に旬の醍醐味を満喫していたら、厚い封筒が舞いこんできた。見たが心当たりがない。差出人の分からない手紙を目で追うのは、何となく不安である。

でも、呼んでゆくうちに思いだした。都会にいるM氏からだった。四十五年ぶりだから戸惑いなさるでしょうと断わっていたが、M氏は宇佐空にいた予備学生で特攻隊員だった。四月になると思い出します、という書きだしで、特攻隊が数次にわたって宇佐空から出撃。そのつど搭乗を免れたM氏は緊張の連続だったと、当時を振り返ってもいた。そして、慰みは、旧暦のヒナ祭りを大和撫子の家で過ごしたひと時だったと結んでいた。

宇佐空は、四月二十一日、麦穂の中に壊滅、解隊した。氏は戦後はじめて宇佐へ訪れてくるそうだが、今、残っているものは、Sさんたちが動員で造った掩体壕(えんたいごう)など少々なのでがっかりするだろう。せめてSさんに手伝ってもらい、旬を演出した伝承料理でもてなしたいと思っている。

（平成元・4・14）

「宇佐航空隊の世界」

私は、酒が入ると戦争の話をするのが好きらしい。それも同じネタのくり返しになるらしく、だから、子供たちは、また始まったという顔をしてソッポを向く。愚弟も、老いてゆく戦中派を哀れんでか、昨年はバート・ランカスターの主演映画「豊後水道(ブンゴストレイト)」を送ってきた。きっと、私をからかってのことだろう。あの戦争を必死の思いで闘ってきた世代には、国難に赴いた自負とむなしさの記憶を、けっして、風化させない、という気負いが強いはず。

昭和が終わってそんな思いにかられる近ごろ、今月二日、宇佐市で「宇佐航空隊の世界」と銘うって、作家阿川弘之氏の講演とフォーラムがあった。豊の国宇佐市塾の主催である。前二回の「横光利一」「双葉山」と違い、宇佐航空隊はテーマがしぼりにくかったので、塾生たちは、人が集まるかどうか心配したらしい。が、ふたをあけてみると、大ホールがほぼ埋まるほどの盛況に主催者の方でびっくり。

会場の展示室には、アメリカ軍による被害状況を空撮した宇佐空のパネルや、五十年前の航空隊を再現した図面、模型が陳列してあった。ミニチュアは宇佐空のウの字も知らない中学生が製作したと聞いて二度びっくり。

幼い生徒たちは、阿川氏の「海軍の気風」と老人たちの宇佐空を語るフォーラムの間、二階に行儀よく座っていたが、どんな感懐を抱いたであろうか。間違いなく二十一世紀はかれらの時代なのだ。湾岸戦争の愚かさはさることながら、戦争のむなしさを知ってくれたかどうか。気にかかって仕方がなかった。

（3・2・13）

まだ、その人をしらず

その人は、沖縄に特攻出撃する松場進少尉から、白いマフラーをもらっている。

今か散る　その益良夫が友に托し遺し給える真白のマフラー

やがて、少尉は敵艦に体当たりする。

南海の真青の海の色かなし　寇艦（あだぶね）と共に君も沈みて

マフラーは、終生その人には形見となった。

お形見は手にとりつつもいまだなお　君在（いま）さじと思い難しも

その人の歌十数首はどれもかなしい。マフラーを見るにつけ、恋人松場少尉への思いはつきない。

挙手の礼を給いし君が佇（た）ちませる　汽車暁暗の決戦場へ

当時、宇佐空にいた松場少尉は、柳ヶ浦駅から汽車で国分基地へ向かったのだろうか。いや、宇佐空の近辺都市に住んでいるその人の家に暇ごいに行ったとき、その人は、宇佐空に帰隊する彼を駅まで送った。挙手の歌はその時に詠(よ)んでいる。

明日は征きし神となります君と在して　その静けさは言の葉もなし

前夜は二人でいたのだ。暁暗のホームは中津駅であろうか。その朝、その人は松場少尉に鉢巻を贈った。

我が捧げし御鉢巻を締め給い　寇(あだ)うち給う神一柱

二十六歳、清らかに散っていった彼へのレクイエムは胸をうつ。

戦争が終わって何年かたち、その人は結婚する。嫁ぐ日、形見のマフラーはカガミ掛けに仕立て直されていた。悪い時代だったが、精いっぱい生きてきた大和撫子の生きざまが鮮烈に浮かんでくる。

その人は、達者であれば七十歳前後のはず。松場少尉の妹さんが、兄の恋人だったその人を、今も探している。（4・5・20）

されど四千八百円

大分市に出たとき、書店やホビーの店を見て回るのは楽しい。とくに、プラモデルの前では自分でも恥ずかしくなるくらい突っ立っている。もう、五、六年前になるが、棚にある

「九六艦戦」（九六式艦上戦闘機）の組立半製品が目に入った。

九六艦戦には淡い思い出がある。支那事変の当初に活躍した海軍の戦闘機だが、大分海軍航空隊にもいた。

片翼で帰還して、人びとを熱狂させた樫村機や、映画「噫々（ああ）、南郷少佐」では、主人公に扮した藤井貢の童顔が今でも瞼に浮かんでくる。胴体に背ビレをつけたスタイルは、当時の軍国少年には、あこがれの名機だった。

私は無性に欲しくなり購（あがな）おうと思って値段を見た。四千八百円。

たかが四千八百円なのであるが、他の製品に比べて数倍高いのだ。せっかくだが、出した財布を引っこめた。

そんなことがあって五、六年たつ。その間、ときどきホビーの店をのぞいていたが、その品物は、いつ行っても棚の上にあった。ファントムが人気商品である今は、オタク族にも無縁なのだろう。しかし、だれか、注文した人がいたに違いない。その人は、事情があってキャンセルしたのか。あるいは、事変当時に、九六艦戦のパイロットとして活躍していたかも……。だとすると、もう八十歳に近いはず。他界しないまでも施設入りしていて、取りにゆけないのか。

つぎつぎと、いろんな思いに巡らされるが、棚ざらしになっている九六艦戦が、ずうっと、気になって仕方がなかった。で、四千八百円、軍国少年には忘れられない記念品なので、はたいて購うことにした。

（5・3・11）

五十三年目の海鷲

突然の電話だった。戦友会で福岡に来ている。明日訪問したいと言う。名前を聞くまで、声の主が池津六郎飛曹長であるのが分からなかったが、五十三年前に宇佐空にいた海鷲なので、途端に郷愁に誘われ、私は氏の到着を待つことにした。池津飛曹長は、昭和十五年、宇佐に転勤してきている。着任してすぐ乗機の九七艦攻が香々地村の沖に不時着して、地元の人たちから歓待された思い出など初めて聞く話もあった。その時の操縦者は、海軍兵学校出身の飛行学生、鮫島中尉だった由。中尉は、戦後統幕議長を努めた鮫島博一氏というのも初耳だった。

梅雨空の下、かつての飛行場の跡を訪ねたが、十数年くらい前まで、確かに残っていた隊門や作業場は跡形もない。戦艦「大和」が就役して間もなく、宇佐空の九七艦攻が周防灘の沖を航行する「大和」めがけて雷撃演習を繰り返した日のことを懐かしく語る。

〝帝国海軍、絶頂の時代でしたね〟

と私がいうと、すかさず、航空母艦加賀、赤城、飛龍、蒼龍、瑞鶴、翔鶴、鳳翔、大鷹、と口ずさむ開戦時の艦名によどみがない。十隻、その数はアメリカをしのいでいた、とポツリ。

〝こんな話を孫たちにしても通じなくてネ。その帝国海軍が完敗するなんて夢にも思わなかった〟

乙飛五期、老いたりとはいえ誇り高き海軍少年航空兵（予科練）出身の海鷲に、まだ、老残の翳り（かげ）はない。宇佐平野に点在する掩体壕を見て、これこそ「生きている教室だ」という。

また、今年も八月がやってくる。　（5・7・31）

昭和十八年十月二十一日

昭和十八年十月二十一日は、明治神宮外苑競技場で、出陣学徒の壮行会が行なわれた日である。早いもので、あの日から五十年たつ。

この日は、夜来の雨で肌寒く、出陣してゆく学生たちを送る後輩六万五千人は観客席のスタンドを埋めつくしていた。指揮台に立つ岡部長景文部大臣の前を行進してゆく学生たちの靴は、雨の降るグラウンドにしぶきをはね上げ、居並ぶ女子学生席からは感動の拍手がわき起こった。

昭和の歴史を描く時、映画やドキュメンタリーに必ず挿入される、あの、校旗を先頭に八列縦隊で分列行進する場面は、この日の一コマである。

あの日、外野の芝生にいた私は、訓示する東条英機首相の姿を遠くから眺めていたが、総理の胸につけた勲一等の副章が、雨のけぶる中なのに燦然と輝いていたのを覚えている。マイクを通してながれる甲高い声。

「諸君が、勇躍学窓より征途に就き……仇なす敵を撃滅し、皇運を扶翼し奉る日は来たのである。……」

感動は極に達し、場内は咳一つなく、極度に昂揚された精神は、一年後、先輩の後につづく自分の運命を莞爾として甘受し、「海ゆかば」を大合唱する時には、恍惚の境地に置かれていた記憶がよみがえる。

学徒動員令は、日本が苦戦に陥ってから下った昭和天皇の緊急勅令である。

大学・高専の文科系学生の徴兵延期を中止。学業半ばにして陸海軍に召集された。その数は十万とも、十三万とも、あるいは数十万とも言われ、正確な数字は五十年後の今日も分かっていない。（5・10・21）

トーチカのあった場所

四月十六日、「宇佐海軍航空隊戦没者記念祭」に参列した。今年は、五十年祭というので、戦時中、宇佐空にいた隊員たちをはじめ、出撃戦死した遺族の方がた、そして、地元からの多くの人たちの列席があった。

忠魂碑と慰霊碑のたつ場所は、道をはさんで柳ヶ浦高校の真ン前、約五十平方メートルぐらいのせまい敷地である。陸上自衛隊別府駐屯地音楽隊の吹奏する「国の鎮め」とともに黙禱を捧げると、私たち戦中派は一気に五十年前の現実に引き戻されてしまう。

あれから五十年、ふと、特攻出撃した人たちは、果たして、祖国の必勝を信じて征（い）っただろうか？

でなくては救われない！　一瞬、そんな思いが脳裏をよぎって、たまらなく悲しくなってしまった。

鎮魂のための二つの碑（いしぶみ）は、四十一年前、地元の篤志家久保猶作（なおさく）さんによってたてられた。戦後、払い下げになった航空隊の跡地を開墾していると、自転車の輪のスポークに燐（りん）の鬼火がまつわりつき、B29の空襲で戦死した隊員たちの骨が出てくるのだそうだ。

これは、魂がさ迷っている。一時も早く、と鎮魂への思いが募るばかりだったという。そのころ、庁舎前にあったが、爆撃で行方の分からなくなっていた忠魂碑のほが探しだされた。さっそく、開墾地の一隅に慰霊碑と合わせて建てたのである。この二つの碑の下には、拾い集めた戦死者の骨が埋葬されており、まだ、五十年前はトーチカがあった場所だったことなど、もう、知っている人も少なくなってしまった。（6・4・22）

五十二年ぶりの友情

戦後四十九年たつ。ことし、私は古希。発起して「宇佐空始末記」のリライトに挑戦し始めている。なぜ、こうも宇佐空にこだわるのか。昭和十四年から、二十年の敗戦の日まで、確かにあった宇佐海軍航空隊は、私の少年期が戦争と重なるからだろう。

とりかかってみると、未知の部分がずいぶん多いので、中学時代（旧制）の旧友だったY君に、古希を機に思いたった「始末記」の話をしたら、さっそく協力を約してくれた。氏はT大の航空学科に進み、戦後はアメリカで活躍しているので、その方面のエキスパートである。取材のために過日、Y君を東京のお宅に訪ねたが、中学卒業以来数十年たつ歳月は、お互いに、どう隠しようもない初老の面差しに変わっていた。

だが、それも一瞬のこと。話が、戦中の少年期に及ぶと、互いに瞳や頬が輝き出す。彼が、航空設計技師を志したのも、ご尊父の従弟さんが水上機母艦「千代田」の艦長をなさっていたのが誘因と思うが、Y君とは、中学時代しばしば連れだって飛行場の指揮所に上げてもらい、艦爆のM隊長の傍らで、練習生たちの飛行訓練を飽きずに見学していたものだった。

開戦を前にした晩秋のある日、金谷の土手の上空を飛ぶ零戦の英姿を初めて見た時の興奮を私たちは鮮明に覚えていて、話がその時に及ぶと、さらに饒舌になるから不思議である。

全く、数十年たってもなお宇佐空にこだわるのはなぜなのか。こだわりこそ生きがいだからだろうか。五十二年ぶりに再開する友情を、古希の年まで生きてきた天恵だと私は思っている。

（6・8・15）

「鬼の宇佐空」

宇佐空の慰霊祭に参列すると、いつも、時間が五十数年前のあのころにタイムスリップしてしまう。今年も、四月十六日に行なわれたが、五十回忌供養で終わりになるというので参列者が特に多かった。

中でも予備学生の十四期会や予備生徒の一期会、そして予科練出身の、かつての若鷲たちも遠くから馳せ参じ、遺族の方たちはもちろん、戦没者に縁(ゆか)りのある地元の人たちも加わって、道路にあふれた。

宇佐空は、阿川弘之の「雲の墓標」や豊田穣の「夏雲」でいち早く有名になったが、海軍航空隊としての歴史は古い方で、横須賀空から始まって霞ヶ浦空、館山空が出来、確か大分空が開設された翌年だったと思う。

だから太平洋戦争で闘った艦爆、艦攻出身の搭乗員は、ほとんどといって良いほど宇佐空の隊門をくぐっている。

艦爆一期会の大沢詳三さんが学徒出陣して、築城空から練習生として宇佐空に転勤してくる時、「鬼の宇佐空」として怖がられていたエピソードを祭文の中で紹介していたが、「雲の墓標」での、主人公は「宇佐はきびしかったが、一方やり甲斐もあった」と書いている。

黙禱すると、私たちが少年時代に憧憬の眼差しをもって仰いでいた高橋赫一少佐（珊瑚海海戦で戦死、二階級特進）や、友永丈市大尉（ミッドウェー海戦で体当たり、二階級特進）。それに、神風特別攻撃隊の関行男大尉（二階級特進）などなどの顔が、タイムスリップするかなたから浮かんでくるのである。

慰霊祭は、来年から宇佐海軍航空隊平和祭として存続されるそうだ。

（7・4・24）

五十年前のあの日

八月十五日が近づくと、戦前を知っている人には、あの日の正午の記憶が鮮明によみがえってくる。その三年半前の、昭和十六年十二月八日の興奮と同じくらいに、である。「午後に入ってハワイ空襲の戦果が報道された。その夜に近所の水野茂夫君の宅で夜を徹して祝盃を挙げた。御稜威のもと生きてこの盛時に逢うことの出来た悦びをくり返し語った」相手は浅野晃。一流の文学者たちでさえこの有様だった。それだけに敗戦のショックは大きい。

　油照り　切株にかけ慟哭す

疎開先の開墾地で俳人中村草田男の涙は号泣と化した。

俳聖高浜虚子も泣いた。

　秋蝉も泣き蓑虫も泣くのみぞ

あの日、泣く人は多かった。劇作家の三好十郎も、「ただ泣いた。何も考えられず」と、その日の日記に書いている。

　何もかもあっけらかんと西日中

築地から渇いた瓦礫の中を帰路につく久保田万太郎の、力を落とした足どりが目に見えるようだ。

石川達三は「風にそよぐ葦」の中で、正午の放送を聞く主人公の母に、「二人のこどもを戦いにささげて、それが無駄になったと言う事は、やはり釈然としないものがあった」と言わせている。

そして、宮本百合子はさすがだ。小説「播州平野」で、あの日を、冷徹なリアリズムの眼で鋭くえぐる。

「八月十五日の正午から午後一時まで、日本じゅうが森閑として声をのんでいる間に、歴史は巨大な頁（ページ）を音もなくめくったのであった」

（7・8・12）

母への手紙

「お母さん、とうとう悲しい便りを出さねばならないときがきました。——」

これは、「きけ　わだつみのこえ」に収められている出陣学徒林市造少尉が、特攻を命令された時、母へあてた手紙の一節である。

林少尉は福岡県の出身。昭和二十年二月二十二日、元山海軍航空隊で特攻隊に編入され鹿屋基地に移駐。四月十二日、第二七生隊十七機とともに爆装した零戦を駆って、与論島東方で米艦船に突入する。

出撃まで、母には四通の手紙を出している。

同書に載せられているのはその一部であるが、その一文が英訳されロンドンで出版、各国から集めた表題のアンソロジー「Letters to Mather」に、日本人として、ただ一編、掲載されている。

戦後、林少尉の遺稿集は「日なり楯なり」という題名で出版されていたが、昨年、ご遺族、友人たち十二人の寄稿による改訂版が出された。

縁あって新装版が拝見できたが、少尉はクリスチャンだっただけに、特攻という十字架はいかに重かったか。

「賛美歌をうたいながら敵艦につっこみます」とも書いてある。お母さんは、一子に先だたれた戦後を生き、昭和五十六年に没した。八十八歳だった。遺稿集にある母の歌十三首のうち二つ、

忠義てふ言葉もなしと人の言う
　あわれかなしき世には生まれし

一億の人を救うはこの道と
　母をもおきて君は征きけり

この二首も、あの時代を生きた人しか共感できなくなった成熟の時代が悲しい。

（8・3・23）

記憶の底に

あの戦争が終わって五十一年たつが、八・一五の記憶だけはますます鮮烈になる。だが、十五日以後の印象はきわめて薄い。当時、福島県の白河にいたが、復員命令が、いつ下り、郷里に帰りついたのは八月の何日だったか、はっきりした日が思い出せないのである。

何でも、アメリカ兵が上陸してくるまでに帰郷せよということで、輸送部隊だったわれわれは、九州方面に帰る兵隊たちを集合させ、もし、汽車が駄目ならトラックにドラム缶を積んで、中仙道を突っ走る計画をたてていたように思う。

幸い、汽車で帰れるようになり、白河から東京へ、東京駅からは夜行列車に乗り東海道線を西下、夜が明けて京都についた。京都で普通列車に乗りかえ、さらに車中泊。岩国あたりで夜が明け、下関までに四十八時間かかっている。途中の混雑ぶりは、昨年、本紙の夕刊に連載されていた小説「みどりの光芒」に描写されていたとおりである。

あとで分かったことだが、復員命令が出たのは八月二十三日だそうだ。それまでは和戦両様の準備とかで、トラックの整備と兵器の手入れをやっていた。本来なら命令一下、即刻出発するはず。

だが、迷走台風の襲来でアメリカ兵の上陸が遅れたので、帰郷の途についたのは二十六日だったかもしれない。

郷里の駅が近づき、列車のデッキに立って、宇佐海軍航空隊をのぞむと、庁舎や施設はあとかたもなく、格納庫の鉄骨はひん曲がっていて、敗戦の現実をまざまざと見せつけられたが、その光景だけは記憶の底に鮮やかである。

（8・8・22）

風化する十二月八日

今年も、あと数日になった。この一年は、やたらと目まぐるしく、その不透明さに、いらだちのつのる日々だった。それでも、十二月という月は、私たちの世代には格別な感慨をさそうスーベニールなのである。

太平洋戦争開戦の年の、あの十二月八日の朝の感激は、いまだに胸の奥にへばりついていて離れない。

太宰治も「十二月八日」という短編小説の中で、「全身が震えて恥ずかしい程だった」と、興奮を訴えているが、戦後、半世紀が過ぎ、あの日の感動を共有できない世代が大半を占めてきて、昭和十六年十二月八日が、年々、風化してゆく現実をもどかしく感じては、やりきれない思いにかられていた昨今なのである。

ことしの十二月八日は曇天（どんてん）だった。師走寒波の後の、底冷えする寒さは、五十五年前のあの日に似ていたので思いを新たにしたが、私たち中学生は、あの朝、学校に行っても、生徒はもちろん、先生たちも興奮して授業にならなかった。身震いすることしきりで、弁当を食べても落ちつかず、午後の授業だったように思うが、いきなり軍艦マーチがなり響いた。「大本営海軍部発表。帝国海軍ハ本八日未明ハワイ方面ノ米国艦隊並ビニ航空兵力ニ対シ決死的大空襲ヲ敢行セリ」

軍令部報道課長平出英夫大佐の名調子である。教室の感激は極に達し、神に祈るような気持ちになったのを昨日のように思いだす。

そして、「トラ・トラ・トラ」の艦載機が宇佐空に帰投、降りてきたのは二十八日の夕方だった。

（8・12・23）

三等車のデッキ

度忘れの回数が多くなった。面と向かった人の名前が思い出せないときなど、冷汗三斗ものである。それが、何かのはずみで、ふっと浮かぶから始末が悪い。老化の始まりなのだろう。不思議なのは、昨夜の献立を思い出せなくても、昔の出来事ほど鮮やかによみがえってくることだ。

もう六十年も前になるから昭和十二年である。日中戦争が始まったのが七月七日。私は小学生だったが、七月から八月にかけ何人かの村人に赤紙がきた。その中に、町内でお菓子屋を営むCさんがいた。Cさんは予備役の陸軍上等兵で、齢は三十半ば、十六歳の長女を頭に六人の子だくさんだった。

当時は、兵隊にゆくのは最高の名誉とされていたし、Cさんは日の丸のタスキをかけ、奉公袋を持って柳ヶ浦の駅から四十七連隊のある大分市へ向かった。駅頭は、村長さんはじめ見送りの人たちであふれた。

夏休みだったので私たちも駅まで行ったが、幼い末っ子をかかえた奥さんと三人、Cさんは最後尾の三等車のデッキに立った。あいさつもそこそこに、発車の汽笛。同時に、わき起こる歓呼の声。万歳！　と両手を上げるCさんの両眼は、見る見るうちに涙であふれた。その一瞬の光景が、私のまぶたの底にやきついて、いまだに消えない。遠い日の思い出ほど鮮明によみがえるのはなぜだろうか。

Cさんは、その年の十月に戦死した。

お菓子屋さんの構えは、今も昔のままだが、住む人も変わり、六人の子供たちの消息も分からない。いくら老化は宿命的といっても、あの日のCさんの涙の記憶だけは消すことができないように思う。

（9・8・20）

宇佐空上空の白い雲

「宇佐航空隊では、何時（いつ）も碧（あお）い空に白い雲が湧（わ）き上がっていたような気がする」

海軍十四期予備学生飛行要務士の人たちが、宇佐空時代を回顧して出版した文集『友魂』の序文の書きだしである。

昭和十八年十二月、学徒出陣した予備学生飛行要務士の四十九人は、初期訓練を終え、昭和十九年五月末、宇佐空に派遣されてきた。在隊期間わずか三ヵ月。にもかかわらず、生き残って、今日までつづく親交の強固さには、ただただ驚嘆するばかり。

飛行要務士とは、紫電改三四三空の司令源田実大佐が、かねて要請していた新しい制度で、飛行記録や航空戦闘記録を整理するインテレクチャル・オフィサーである。その時の、要務学生の分隊長兼教官が藤井真治（まはる）中尉だった。

藤井中尉は予備学生十期。七五一空時代、ブーゲンビルの攻防で偵察士官として空爆行にあけくれ、操縦者が負傷したとき、片肺の陸攻を操縦して帰投した勇士でもある。やがて、負傷して内地へ送還されるが、傷が癒（い）えて宇佐空に転勤、要務学生四十九人と巡り合い深い縁（えにし）が生じる。

三ヵ月後、四十九人を前線に送り出した後、大尉に進級するが、『友魂』をひもとくと、四十九人の証言は、五十四年前の藤井教官の人柄をしのばせ、また日本人が日本人であったころの時代精神を想起させられる。

翌年、藤井大尉は特攻を志願するが、第一八幡護皇隊の隊長として宇佐空から出撃、沖縄の海に散華するのである。

今、かつての宇佐空の周辺には白い雲を回顧する情緒はない。が、藤井大尉の弟さんを招いて掩体壕（えんたいごう）などを語るフォーラムが、三月十四日、宇佐市塾生の主催によりウサノピアで行なわれる。

（10・3・12）

長洲港問わず語り

駅館川の河口は、長洲町と柳ヶ浦地区に挟まれている。

戦前、大抵の家に、五、六人の子供がいたころ、夏休みになると橋の下は、水遊びを楽しむ学童たちの声で喧騒を極めていた。川幅は三百メートル弱、潮が引くと、干満の差が大きく、四キロほど沖合いまで干潟と化すので、エビやカレイや小魚を求めて、夏休みは、少年たちの天国だった。

当時から長洲は漁師町で、打瀬船の帆柱が林立し、私どもの住む純農村地帯とは雲泥の差があった。夏になるとヨシズを張った氷店が何軒も川っぷちにできて、田の草取りが一段落すると、近隣の村民たちが、夜の商店街に出かけていった。

呉服屋、下駄屋、瀬戸物屋、射的場等々、それにレストラン、カフェ、そして料理屋や網元の家構えには風格があった。

海軍の航空隊があった昭和十年代には、花街もにぎわって、私たちの対岸からは開戦前まで、さながら盛り場の趣さえあった。

あれから半世紀たって、時の流れの無常さもあるが、一艘の打瀬船の影さえ見られないように、長洲港に昔の殷賑さはない。あの、コンコンチキリンの山車で演ずる「チンコ座」の浄瑠璃の三味線や義太夫の語りも、しぐさも、今は昔の話。

この対岸の凋落ぶりも、過疎化という趨勢から免れる手だてはないものか⁉　と思っていたら、今度、長洲アーバンデザイン会議の人たちが、「わがまち長洲の歴史と未来」という小冊子を編纂して心意気を示した。見せてもらったが、なかなかのもの。これをベースに再興を期待する者の一人であるが。（10・7・27）

八月のレクイエム

フィリピンのマバラカットには、現地人が建てた特攻慰霊碑があるそうだ。そこは、マニラから北へ七十キロ、五十四年前の昭和十九年十月二十五日、神風特別攻撃隊の嚆矢として出撃した関行男大尉たちの二〇一空のあった場所である。

反日感情の強いフィリピン人の中にも、日本人の祖国愛に感動する人がいたのだ。いつか訪ねてみたい所の一つである。

フィリピンに従軍した、いとこの戦死した日が、終戦の十日前ということもあって、八月は、何かにつけて感慨ひとしおの思いの募る月である。

土用に入ってからだった。暑い盛り、かねて、訪ねてみたいと思っていた東京・世田谷の特攻観音堂を参拝した。

お堂は、森の中に建つ観音寺の境内にあるが、終戦になって四日目の、八月十九日に自爆した十人の御霊が祭られている。

十柱は、満州国にあった陸軍大虎山飛行隊に所属する少尉たちで、南下してくるソ連軍に、飛行機を引き渡すのは「生きて虜囚の辱めを受ける」に等しく、彼らは、愛機を翔ってソ連の戦闘軍団に体当たりする。その中には、新婚早々の新妻を後席に乗せて散華した谷藤少尉の名前もあって、ただただ粛然となるばかり。

ことしの夏は、いとこの戦死した場所を訪れる計画だったが、現地の治安に責任が持てないというので中止した。でも先日、江田島の海軍兵学校のあった海上自衛隊の教育参考館を参観する機会があって、中に、神風特別攻撃隊第一八幡護皇隊の山下博隊長の「宇佐海軍航空隊職員に告ぐ」の檄文があったし、八月は、やはり、私たちの世代にはレクイエムの月なのである。

（10・8・29）

平和祈念祭そして若い人たちに

四月十六日、今年も宇佐海軍航空隊の平和祈念祭が忠魂碑の前で行なわれた。五年前、戦没者五十回忌の法要が終わってから、名称も〝平和祈念祭〟と改められたが、その日は、日の丸と軍艦旗、それに、五色幣が掲げられた斎場で、宇佐神宮神官さんの大祓など、いつもと変わらぬ進行だった。

が、来賓の祭文に移ってからだった。遺族代表の松本進氏が忠魂碑に対して、いきなり、お父さん！　と語りかけたのである。

「父」と呼ぶその人の頭は白髪、初老である。その時、戦後も、確実に五十四年たったのだ、との感慨が霧笛のように私の脳裏をかすめた。

つづいて、日出町の阿南富次郎氏が十四期予備学生を代表して祭文をのべた。十四期というのは、太平洋戦争末期の昭和十八年十二月、徴兵延期中断で学徒出陣した学徒兵である。

〝……今年も、あなたたちの面影を求めてやってきました……〟

忠魂碑の横には戦没した同期の人たちの碑銘がある。若い生命を、国と民族のために捧げた崇高、かつ純忠の魂魄（こんぱく）は、同期生ならずとも胸をうつ。

さらに氏は、出席する同期の顔が、年ごとに減ってゆく寄る年波を悲しんでいたが、あのころの人たちはひとしく人生の終章を迎えているはず。

そして今度も、若い人から〝どうしてアメリカと戦ったんですか〟と聞かれたが、あの時の日本は確かに国策を誤った。が、アメリカの突きつけてきたハルノートも異常だった。実際、あれから六十年ほどたつうちに、歴史の事実は風化を余儀なくされている。

平和祈念祭を通してでも、若い人たちに、ことの経緯と本質を知ってほしいと思う。

（11・4・30）

史跡としての掩体壕

目を閉じると、今でも鮮やかに、情景がまぶたに浮かぶ。日豊線の柳ケ浦駅にあった機関庫や、SLの給水塔、転車台など、数十年前まで現役だった構内の歴史的風景である。そのころ、跨線橋（こせんきょう）はなかったが、貨物の引き込み線が駅舎の東側にあって、宇佐空（宇佐海軍航空隊）に運ぶ複葉の艦上爆撃機が梱包されたまま、月に何度かおろされていた。

それらの懐かしいふるさとの原風景は、高度成長の余波で跡形もなく消滅してしまったが、かろうじて、当時の面影をしのばせる遺跡に旧宇佐空時代の有蓋（ゆうがい）掩体壕がある。

現存するもの十基。もっぱら飛行場の西南方向に集中しているが、覆いのない無蓋のものを数えると、特攻機の数ほど造られたものと想像される。

昭和十八年の夏ごろから、地元の人たちのほか、旧制の中学生や女学生の勤労奉仕で造られていたが、それらが、宇佐平野の中央部に点在している情景を見るにつけ、戦後の五十数年を、よくも耐えてきたものと思う。

終戦の日が近づくと、なぜか、その辺りを彷徨（ほうこう）したくなる。平成七年、宇佐市は十基のうちの一つ、城井（じょうい）地区の掩体壕を市の史跡に指定し、昨年三月、平和公園として新装、モニュメントにした。宇佐市は、全国にさきがけて文化財都市を宣言したが、その成果は特筆に値する。

今度も、市の文化財の小倉正五氏が、専門誌である『日本歴史』（五月号）に、「宇佐市掩体壕の保存と整備」というタイトルで、詳細に経緯を報告している。ともすれば、情緒的にしかとらえられない私たちの世代と違って、考古学的な目での記述は、分析的で、質が高く、平和公園も百年のスパンに耐えるものと思った。

（11・7・31）

軍艦マーチ

「昔、山本五十六、という海軍大将がいました……」
何の番組だったか、テレビのキャスターが、いとも簡単に言ってのけるので、私は、苦い衝撃を受けてしまった。「若い人は知らないでしょうが……」とつけ加えていたが、太平洋戦争も、ずいぶん、昔になったものである。

戦争の話になると、若い人から敬遠されるので肩身の狭い思いをする昨今だが、山本五十六と聞くだけで、私どもの世代には昨日の人なのである。それこそ、若い人は知らないだろうが、「トラ・トラ・トラ」の真珠湾奇襲作戦の考案者が山本連合艦隊司令長官その人。

先日、調べものがあるので、航空母艦「蒼龍」の艦長だった方の顕彰誌『柳本柳作』という本を借りてきた。当時、柳本大佐の「蒼龍」は第二航空戦隊の旗艦だったが、真珠湾に向かって、昭和十六年十一月二十六日、千島列島単冠湾を出航する。その時の様子が、砲術長の筆で実にリアルに記されているので、六十年前の光景が鮮やかに浮かんできた。
「……三十隻の艨艟は舳艪をふくんで動き出した。蒼龍は順番を待っていると四万屯の赤城が目の前をストームの如く過ぎて行く。艦橋の硝子ごしに小ズングリした南雲司令長官の姿も見える。後甲板にある軍楽隊は太鼓も破れよ、指揮棒も折れよとばかり演奏している。勇壮比類なき軍艦マーチ……恰も義士討ち入りの際の陣太鼓そのまま……六隻の空母を中心に、艦隊は一路東へと進んで行く」

戦後になって、勇壮比類なき軍艦マーチは、パチンコ屋のテーマ曲になっている。音量が高ければ高いほど、猛虎が剥製（はくせい）にされてしまったように、やるせない思いにかられるのである。

（12・2・26）

蒼天の悲曲——特攻隊員の心奥を追う

太平洋戦争中の多くの悲劇の中で、学徒出陣した特攻隊員の死は、死を蓋然的運命として強制されての出撃だっただけに悲壮感が漂う。

書き下ろし「蒼天の悲曲」は、昭和十八年十二月一日、徴兵延期を中断され、学業なかばにして戦線にかりだされた第十四期海軍飛行予備学生たちの一年八ヵ月におよぶ戦争下の青春の軌跡を悲曲のリズムで描いた物語である。

十四期海軍飛行予備学生を題材にした小説には「雲の墓標」がある。その清純な生きざまは読む人の感動を誘うが、「雲の墓標」の清冽（せいれつ）さにさらに研磨をかけ、コーティングしたのが「蒼天の悲曲」と思う。

前者が日記体であるのに比し、後者は推理形式で心の深奥を追う。

十四期予備学生のひとり有坂少尉の殉職は、実は自決ではなかったか？　たまたま同乗していたが生きのびた予科練出身の男が、戦後二十年たって、有坂少尉の戦友たちを探して真実を極めようと思い立つところから話は始まる。

十四期生の歩いた場所、土浦航空隊、出水航空隊、宇佐航空隊、串良航空隊とそれぞれの勤務地で、同期生ひとりずつを登場させている。十四期予備学生の生きざまや海軍生活の実態が浮かび上がってくる構成になっているし、証言者になる四人の同期生の個性にもリアリティーがあって、筆のさえは見事である。

中でも「鬼の宇佐空」と畏敬(いけい)されるほど厳しい宇佐空に着任して、訓練期間を過ごした六ヵ月の間、九七艦攻での飛行訓練、同期生の殉職、中津市に住む女学生とのロマン、グラマンF6Fの襲撃、さらに特攻出撃する飛行機を、桜かざして見送りにくる町民たち、そして、運命の日の四月二十一日、B29三十機は宇佐空を壊滅させてしまう。被爆下の隊内の描写は資料としても貴重である。作者の、ロマンチシズムの精神とリアリズムの筆致が融合した傑作である。

（12・5・15）

五十七年前の十月二十一日に

ど忘れがひどくなった。物忘れもだが、昨夜食べたメニューも思い出せないときもある。古希も半ばを過ぎると、こんなにも機能が衰えるのか、と情けなくなってしまうが、逆に、昔のことになると、記憶は、昨日のことのように鮮烈によみがえってくるから不思議なものである。

昭和十八年十月二十一日、五十七年前である。

この日は、朝から雨だった。新宿駅で中央線に乗り換えた私は、千駄ヶ谷駅で降り、明治神宮外苑の国立競技場へと急いだ。学業なかばで出征する出陣学徒壮行会大会に、参列するためであった。

九時二十分、観兵式行進曲の音律が流れてくると、場内に、一瞬、時間が止まったような静寂の間があったが、「分列に前へ‼」の号令一下、執銃した八列横隊の学生服が動く。先頭を行く東大生の持つ白地の校旗が入場してくると、期せずして、拍手と海鳴りのような歓声が内外野席からわき起こった。

約一時間、分隊式が終わると、東条英機大将が壇上に立ち壮行の辞を述べるが、その時、胸につけた勲一等の勲章が、外野席にいた私たちにも、赤星のようにきらめいて見えた。

「……大東亜十億の民を、道義に基づいて、その本然の姿に復帰せしめるために、壮途に上るの日は来たのである……」

特徴のあるカン高い声は、いまだに記憶の底に残っている。

受けて答辞となるが、東大生の文語調の文言は名文だった。

「……生ら、もとより生還をきせず、在学生徒諸兄、また、遠くからずして生らに続き、出陣の上は屍(しかばね)を乗り越え乗り越え、もって大東亜戦争を完遂し皇国を富岳の泰きに置かざるべからず……」

その人は痩身(そうしん)、その態度、音声とともに記憶のひだにまた鮮明である。

（12・10・21）

探し求めた君の顔

〝近ごろ、立ち振る舞いがおっくうになりました〟と、その方から電話を受けたのは昨年の暮れだった。

五、六年前から始めている宇佐海軍航空隊在隊者たちの写真収集や記録の仕事で、お手紙を差し上げたのは旧臘（きゅうろう）の初めだった。その方のご主人山口正夫大尉が宇佐空の教官をしていたのは、開隊間もない昭和十五年だったが、当時、新妻だったその人と中津市に住まっていた。

大尉は、戦争が始まる前に連合艦隊に転勤。ハワイ真珠湾からインド洋作戦、珊瑚（さんご）海海戦と転戦している。

艦（ふね）は空母「翔鶴」で、中津市に家族のいた高橋赫一隊長の小隊長をつとめていた。が、高橋隊長は、珊瑚海海戦で戦死。

続いて、ミッドウェー海戦の大敗北。七月に連合艦隊は再編され、山口大尉は、空母「隼鷹（じゅんよう）」の艦爆隊長として赴任する。

三ヵ月後のガダルカナル攻防の中、日米の空母対空母の対決で有名な「南太平洋海戦」では、山口隊長は九九艦爆十二機を率いて出撃、エンタープライズを攻撃する。弾幕は空を覆い、〝豪猪（やまあらし）〟の機銃弾が、アイスキャンデーのような火箭（かせん）となって迫ってくる。山口機は、隊長ともども十一機が墜落される。

南太平洋海戦が、いかに激烈であったかは、四人の隊長をいっきに失ったことでも分かるが、詳しい様子もその方の手紙で知った。

君の顔　探し求めて二十日間
　やっとお目見え嬉しくためいき

その方がようやく探し出した写真についていた短歌一首である。

五十八年たち、戦争で、同じような運命を背負った老いゆく未亡人の方たちのことを思うと粛然となるばかりである。

（13・1・23）

『はちまん』

「〝はちまん〟という題名にひかれて買った本です。興味をそそられると思いますよ。まあ、読んでみてください」

畏友（いゆう）O氏の推薦である。上下二巻、内田康夫の推理小説だが、案の定、モチーフは宇佐八幡だった。

宇佐海軍航空隊の、特攻で生き残った隊員八人が、終戦の年の八月十九日、宇佐神宮の社前で「八幡の盟約」を誓う。「拾った命をなげうち、日本の悠久の礎となり、また会おうではないか」と、「八旒の幡」になぞらえて誓約する。

話は、五十年後の平成七年から始まる。八人のうち一人、文部省を退官して十数年たつ飯島昭三中尉は、動員で、宇佐空の掩体壕造りにきていた女学生と結婚するが、数年前先立たれ、その寂しさもあって全国の八幡神社巡りを思い立ち、五十年前の盟友訪問の旅から実行する。が、政治問題に巻き込まれたためか、秋田県の仁賀保八幡神社参拝の途中、死体となって発見される。

死因に疑問を抱いたフリーライターが、八人の在所にある八幡神社を訪れる展開となるが、高知県の御代田八幡では、奇怪な死亡事件が起こり、探偵よろしく謎に迫ってゆく。

八人は、それぞれ八幡神社にゆかりがあり、捜査では、長野、金沢、秋田、広島、呉、神戸、高知、熊本と、八幡信仰伝播の偉大さを思わせるが、作中の随所で「この五十年の歴史は何だったのか」と、現下の国情を憂うあたりは作者のテーマであろうか。

犯人が、八人の中の二人であるのは初めから割れている。が、結末は、二人に下る天誅にふさわしく意外だった。（13・4・7）

六十日の青春

終戦の日が近づくと、決まってあの戦争を思い出す。特に、学徒出陣前の状況は、いまでも、胸に迫る感慨がある。

昭和十八年、大学・高等専門学校文科系学生の徴兵猶予停止の勅令が公布されたのは十月二日だった。二ヵ月後の十二月一日が入隊日。まず、徴兵検査のために帰郷がある。終わっても、壮行会など多くの行事をこなすのが忙しかった。

その間の六十日、学生たちはどう過ごしたか。人によっては、最後の講義に、また旅へ。あるいは趣味に、スポーツに、そして両親といる限られた時間を征く間際まで共にしている。

そんな学徒の一人に国東町出身で、京都帝国大学哲学科二年生、学業半ばの後藤三郎さんがいた。兄になる忠夫氏から頂いた『孤櫂・信濃路の手記』はその遺稿集だが、敬虔な感動が全編にあふれている。

「……私は戦いに征く日まで残された何日かを思った。そして、途方もないことだけれど……私も何か頌を捧げよう……平和に……清く……」

さらに、『孤櫂』の詩数十編は思索と観照にみちていて清澄。省察の厳しさや感性の豊かさには、叙情性を喪失している当今の学生たちには及びもつかない精神の高さがある。詩精神は、都城西部第十七部隊に二等兵として入隊してからも衰えない。

軽機鳴る　丈余の壕の壁にして
秋芝の影かくも寂けき

三郎さんは、昭和二十年五月、ルソン島ソラノで戦病死、享年二十二歳。見習士官だった。

（13・8・11）

がっかりしましたが

八月十三日でした。NHKの「特攻・城山三郎青年指揮官を追う」が放映されたのは。二十六日にも再放映したので、視聴者の要望が多かったのでしょう。

城山さんが追った士官は、津久見市出身の中津留達雄大尉です。大尉は、中尉時代「高松宮日記」にも登場していますが、終戦の日、大分基地にあった第五航艦長官の宇垣纒中将が、彗星艦爆十一機を直率、沖縄の米軍に最後の特攻をかけたときの指揮官でした。

城山さんと中津留大尉のお嬢さんの二人で大尉の足跡をたどりたい、とNHKから電話があったのは今年の一月でした。撮影の日は寒の入り、しかも、雨の激しい寒い日でした。元宇佐空のあった場所を市の観光課のI氏と二人で案内し、あの写真の、中津留大尉と奥さんたちがもちをついていた官舎の跡にも行きました。一カット撮ったのですが、土砂降り、うまく撮れるかと心配させるほどの雨でした。

その後、城山さんほかスタッフの方たちは、四月十六日の宇佐空平和祭の日にも来宇。カメラをずいぶん回したようです。

地元の関係者たちは、放映が八月十三日と聞いてから、楽しみにしていましたが、放映時間四十九分のうち宇佐空の場面は、わずか数秒。あの雨の日の宇佐平野が撮られているだけ。がっかりいたしました。でも、作品は見事なリアリズムの手法で貫かれていました。緻密(ちみつ)な取材の成果でしょう。また、戦争が起こりそうです。平和とは幻影でしょうか。

（13・9・27）

生き証人

米国同時多発テロの映像を見たとき、最初、コンピューターグラフィックのいたずらかと思った。実写と分かってすごい衝撃を受けたが、生身が、死を承知で激突するのである。目をつぶっていたら的を外す。テロリストは、最後の瞬間まで目を見開いていたはず。

突っ込みの要領は、先の大戦で特攻の嚆矢(こうし)だった関行男大尉が神風特別攻撃隊の指揮官を命ぜられたとき、司令部にいた、江間保少佐に教えを請うている記録がある。

関大尉は、宇佐空から霞ヶ浦を経て比島の二〇一空戦闘三〇一隊の分隊長として着任しているが、マバラカット基地にあった二〇一空には、当時、国東町出身の高橋保男一飛曹（甲飛十期）がいた。

先日、高橋氏に会う機会があったので、昭和十九年の十月二十五日前後におけるレイテ沖海戦の様子をうかがった。二〇一空の四つの零戦隊が、敷島隊をはじめ全機特攻として出撃した光景は緊迫感に襲われる。

第一航空艦隊司令長官として内地から着任してきた大西瀧治郎中将が、一ヵ月前、六百機を擁していた一航艦が三十機しか残ってない現状を見て、「特攻以外に勝算の皆無」なるを披瀝したとき、甲飛十期の三十三人が躊躇（ちゅうちょ）することなくもろ手を挙げた話も感動的だった。

高橋一飛曹は菊水隊として出撃、機の故障で帰投を余儀なくされるが、再度、山桜隊の四番機となって行くが……。今では生き証人として貴重な一人となっている。（13・11・1）

皆、語ろうとしない、が……

古書店の通信販売で小説『海軍』（岩田豊雄）が目に留まった。戦後、戦争文学は、絶版か、その多くが復刊されてないので、求めてみた。

『海軍』は、戦争中、朝日新聞に連載された新聞小説である。特種潜航艇（乗員二人）に乗り、真珠湾に奇襲をかけた九軍神の一人をモデルにした海軍士官の物語で、昭和十七年七月から半年、十二月まで続いた。

私は、旧制中学の生徒だったが、二学期の始業式のとき、牧千葉三校長が、全校生徒を前に激賞していたので記憶は鮮明。主人公の清冽な生き方は、当時、全国民を熱狂させた。

特に、開戦の日の十二月八日の記述は感動的で、あの朝を体験した世代にとっては、終戦の日の虚脱感とは対極的、凛（りん）とした緊張感に武者ぶるいしたといっても過言ではない。

それを言うと、何か、後ろめたい気持ちが先にたち、皆、語ろうとしない。

が、国民等しく〝やった！〟という感動を持ったことは事実。作者は、その日を次のように書いている。

「そして、十二月八日の朝がきたのである。朝まだきの霹靂は、日本国民を覚醒した。漠々たる濛気は、悉く吹き払はれ、眦を決した人々に、神々しい初冬の碧落が映った。風なく、陽麗かな、あの日の大空を、ああ、誰か忘れ得よう」

あの日は、かつての軍国少年たちにとって、忘れられない、鮮烈な一こまであったことも確かである。

（13・12・3）

目からウロコが……

前回、十二月三日掲載の灯欄「皆、語ろうとしない、が……」では、畏友N氏ほか二人の方から電話をいただいた。

小説『海軍』をモチーフにして書いたわけだが、『海軍』は戦後絶版になっているものとばかり思っていた。が、『現代国民文学全集』（角川書店）の中に収まっているのを教わった。目からウロコが落ちたのは、開戦の日のくだりだが、四字修正、一行がポッカリと引き抜かれるほどの削除の仕方だった。

「そして十二月八日の朝がきたのである。朝まだき霹靂は、日本国民を覚醒した。漠々たる濛気は、悉く吹き払はれ、眦を決した人たちに神々しい初冬の碧落が映った。風なく、陽麗かな、あの大空を、ああ、誰が忘れ得よう」

このオリジナルに対して、角川版では左のように書き換えられていた。

「そして十二月八日の朝がきたのである。朝まだき霹靂は、日本国民を驚かした。濛々たる濛気は、悉く吹き払われ、風なく、陽麗かな、あの大空を、ああ、誰が忘れ得よう」

四文字と傍点の一行を切り捨てることで、ずいぶん刈り込まれた文章になっているではないか。私どもの苦労するのが文体作り。推したり敲（たた）いたり、なかなか、納得した文章が書けないので自己嫌悪に陥ることがままあるのに、さすが、岩田豊雄（獅子文六）と思った。それにしても、あの時代は〝眦（まなじり）を決して〟「熱狂」する時代だったのも事実である。

（14・1・18）

予感

この年になると、同級生の訃報（ふほう）が一番つらい。

〝そんなに悪かったんだろうか？　元気そうだったのに〟の思いが先にたつが、先月、他界した彼の場合は、悔やしいけれど予感めいたものがあった。

彼とは、旧制中学以来だから、六十数年になる。上京すると必ず会っていたし、去年も二回。十月に会った時は退院後だったとはいえ、調子は良さそうだった。

米国同時多発テロ事件など話題にして談論、死を予感する兆しなどみじんも感じられなかった。が、今にして思うと、あのＦＡＸ!?との思いもある。

「大東亜戦争の時の宣戦の大詔の写しを送ってほしい」という時ならぬ依頼がそうだが、飛行機が大好きだった当時の軍国少年としては、何かの思いがあるのか、と、私も軽い気持ちでコピーを送信した。

ところが、旧臘(きゅうろう)二枚つづきのはがきが届いた。

「……君の家に泊まった日々、宇佐空にゆき、Ｍ隊長のもとで艦爆の飛行訓練をあきずに眺めた遠い昔が懐かしい。……以前、奥さん手作りのキンカンの砂糖漬が旨(うま)かった」など。

いつもなら、食べ物のことなど書くはずのない彼なのに、その時、脳裏に妙な予感がよぎったのも事実。先日、奥さんからの手紙に、「死は、突然でした。頂いたキンカン、毎食後たのしみにしていました」と書いてあった。暮れの二枚つづきのはがきは、やはり、予感だったのかなあ、と今も思っている。

（14・4・2）

空母「飛龍」の最後と多聞「愛」の手紙

今年も、終戦の日が近づく。先月初め、ミッドウェー海戦の生き残りで市内に住む徳光吉郎一水（一等水兵）から、一通のコピーが届いた。空母「飛龍会」から送られてきたといって、新刊書『父・山口多聞』（山口宗敏著）の一部、「軍機秘密、二航戦司令官山口多聞少将、戦死情況」の写しである。

ミッドウェー海戦が終わって六十年たつし、戦いの経過は彼我ともに語り尽くされているので、いまさら、の感があるが、山口少将の、従容として「飛龍」と運命をともにした勇姿は今も忘れられない。猛将、勇将、智将、剛将と言われて武弁一辺倒の印象の強かったこれまでだが、今度、妻孝子さんにあてた手紙二百五十通が出てきて、豊かな人間性の持ち主だったことも分かった。

「父は、既に五十歳に垂ん(なんな)としてなおかつ青年の如き純愛の精神を保持していた」とも書かれているように、例えば、手紙の末尾に「貴女の事を忘れられない多聞から……」といった調子。本の傍題も『空母「飛龍」の最後と多聞「愛」の手紙』とつけられた理由が分かるような気がした。

宇佐空を記録している私の目を引いたのは、昭和十六年一月十六日、別府に上陸した折、宇佐空を視察に訪れている事実である。

奥さまと過ごしたのはその年の六月らしく、「亀の井の離れにおける水入らずの生活は……私の一生忘れ難い思い出になりました」とも書かれているが、ミッドウェー海戦はその一年後であった。

（14・8・5）

海軍小唄

どこかで、聞いたことのあるメロディーが耳に響く。

「海軍小唄」（ズンドコ節）だ。画面に目をやると、背の高い白面の歌手が、右手をバッタのように跳ね上げ、腰を振って拍子をとっている。氷川きよしだ。彼は今、女学生からオバサンまで抜群の人気という。

「海軍小唄」といえば、かの戦争末期、どこからともなく伝播されてきたメロディーではないか。

私は、宇佐空の海軍さんから教わった記憶がある。が、なんで今ごろ「海軍小唄」なんだろう⁉

この作詞作曲不明のズンドコ節だが、歌詞の冒頭の〽汽車の窓から手をにぎり……など、今の若い人たちは窓を上げ下げする汽車なんて見たこともないだろう。

もちろん、氷川の歌う「ズンズン、ズンドコ節」は、飛びはねられるようにアレンジされてはいる。現在、働き盛りの人たちは、その少年期、ザ・ドリフターズでも思い出すはず。三味線に合うので宴会向き。だが、なんとなく心に染み入るから哀切だ。

ドリフの前は、確か、小林旭が日活時代、「アキラのズンドコ節」で歌っていたが、そのころは、安保闘争の後のためか、もっぱら、君とぼくのいたわり合う恋の歌詞だったように思う。

歌は世につれ世は歌につれと言われているが、大戦末期、戦況の不安の中に生まれた「海軍小唄」だ。今と共通する何かがあるとすれば、不安という名の状況がキーワードと言えないだろうか。

（14・11・8）

思い出す「眼には眼を」

三月二十日の昼前だった。アメリカの、イラク攻撃をテレビで知った時、きっと長引くに違いないと思った。というのは、今から四十数年も前に見た映画「眼には眼を」の、あの、アラブの山岳地帯を、一人のアラブ人が死んだ妻の復讐(ふくしゅう)のため、クルト・ユルゲンス扮する白人医師を追い詰めてゆく執念深い行動に、身震いしたのを思い出したからである。それにしても、三週間そこそこで首都バグダッドを制圧し、五月一日には戦闘終結宣言だ。アメリカのすごさを、今更のごとく感じさせられたのである。

確かに、大東亜戦争が終わった時点でも、B29は二千機も待機していたし、なお、悔やしいけど、五千機のB29を発注していたというから、その底が計り知れない。ちなみに、当時の金で一機六十万ドルという。日本とはけたが違っていたわけだ。今回だって軍事費はイラクの三百倍というではないか。

二十一世紀になってアメリカ一強の時代になった感は否めない。戦後は、イラクの民主化に手を貸しているが、それも、日本の民主化がうまくいったから、イラクも成功するはず、という読みらしい。が、忘れっぽい日本人（例えば、『日米会話手帳』は発売半年で二百万部も売れている）と、執念深いアラブ人とでは精神の構造が違うようだ。戦闘は終結したが、戦争は終わってない現状を思うと、私は、「眼には眼を」での印象が

ぬぐいきれないのである。　（15・5・16）

冷夏のことしに

夏、焼け付くような暑さが私は好きである。とりわけ入道雲のロマン性が精神衛生にいい。冷夏だったことしの夏は、お盆が過ぎても梅雨空。このまま秋なのか、と思い嘆いていると、子供や孫たちから誘いがあった。

〝沖縄は、高気圧の圏内よ！〟

本土の上空は、さすがに入道雲のオンパレード。ご機嫌になった私は、牛に引かれて戦跡コースに参加した。小禄（おろく）の海軍壕に着いてからだった。レジャー気分が、一気に吹っ飛んだ。海軍壕というのは、旧海軍司令部壕のことで、昭和十九年、日本の「絶対国防圏」があやしくなってから掘られた壕である。

四百五十メートルのうち三百メートルが復元されている。入り口から、地下三十メートル、百五段の階段を下りると、カマボコ型に掘り抜かれた隧道（ずいどう）が不気味である。中には四千人がいたという。司令官室をのぞくと、手榴弾で自殺した時の破片のあとが残っていて鬼気が迫ってくる。沖縄守備軍が、いよいよ追い詰められ、自決する前、大田実司令官が海軍次官にあてて打った決別の電報は胸を打つ。以下抜粋。

「沖縄戦ニオケル敵ノ攻撃開始以来陸海軍ハ防衛戦闘ニ専念シテ県民ニ対シテハ殆（ほとん）ド顧ミル

暇ナカリキ（中略）沖縄県民ハ斯ク戦エリ県民ニ対シテ後世特別ノ御高配ヲ賜ランコトヲ」死者二十万人は想像を絶する。なぜ、もっと早く戦争はやめられなかったのか。何ともやりきれない思いを抱いて壕を出た。（15・9・17）

郷土思いの方だった

中野幡能先生が亡くなった。先生の住まいは私の家から歩いて数分、文学博士で宇佐神宮史の泰斗と言われるほどの碩学（せきがく）なのに、地付きの人たちは〝先生〟でなく〝はたよしさん〟と呼んでいた。

亡くなられた今月三日の朝も近くの人が、〝はたよしさんが亡くなった〟と知らせてくれた。この年まで愛称で呼ばれるのは、厚い信頼と深い親愛の情が示すバロメーターだと思う。

六十数年前、先生が、旧制山口高等学校の学生だったころ、帰省の時は朴歯（ほうば）の高げたで、柔道着を小脇に抱えての、バンカラ風で、お盆には決まって盆踊りの輪に加わっていた。一昨年だったが、『豊日史学』編集のことで会食した時のお元気なお姿が最後になったと思う。

また、『古代国東文化の謎』を出版された時、タクシーの運転手が〝この本は難しい〟と言っていたのを、そのままお伝えしたところ、〝ずいぶんやさしく書いたつもりですけどね〟と、困惑の表情だったのも思い出すことの一つ。

『柳ヶ浦町史』を書き上げられた時、〝千年に及ぶ郷土の歴史の中で、一番裕福だったのは昭和十年代ですかね〟とおっしゃられていたのも印象に残っているが、宇佐海軍航空隊のあった十年代は、二千人からの隊員の落とす金で潤っていたのも事実。が、戦火の果ての犠牲の多さも町史には的確に記されている。日輪寺に「清経」の九重塔を建立したり、郷土思いの心やさしい方だった。

人徳の冬あたたかき仏かな　（万太郎）

合掌　（15・12・13）

夏の記憶――晩夏二題

きちきちが　庭にはじめて　音を曳き　（誓子）

晩夏である。真夏の、あの、ひところの肌を刺すような暑さも、八月の終わりになるとさすがに優しい。

夕方、打ち水した庭に法師ゼミの哀調を帯びた鳴き声が高鳴ると、移ろう季節の哀切感ひとしお。が、この晩夏の季節、私には、テレビの画面がズームアップするかのように強烈に思い出す光景がある。

昭和十三年、七十年近くも昔になる。中学生（旧制）に入って初めての夏休み、私たちは上級生に連れられて大分市へ行った。東別府を出ると、別府湾の風景は、いつもなら四国の岬も遠くに浮かぶはず。なのにこの日は違う。私の目を疑うように、帝国海軍の艨艟のオンパレードではないか。

しかも目の前、手が届くような位置だ。艦橋を直角にそぎ取ったような角ばったブリッジの重巡洋艦「足柄」（一四〇〇〇トン）の勇士等々。「足柄」といえば、前年、イギリスの国王ジョージ六世戴冠式に参列した秩父宮のお召し艦を務めた軍艦だ。その特異な型が珍しく、『少年倶楽部』のグラビアでもひときわ異彩を放っていた。

そんな湾を圧する艦隊の威容を目の当たりにしては、興奮はおろか、軍国少年にならないと言えばウソになる。

さらに、思い出す晩夏の記憶一つ。復員する汽車のデッキから見る宇佐空の壊滅した姿。風にそよぐ青い稲田の中に崩れおれる惨状は、まさに「国破れて山河あり」。いまなお脳裏に鮮明である。

（17・8・27）

事実の重み

先月だったか、大河ドラマ「義経」を見ていて、〝えっ……!?〟と思わず一驚させられる場面があった。那須与一が、小舟に乗った女房の持つさおの先に立てた扇を射落とす、例の、シーンである。扇は〝みな紅の日出〟の図柄で原本通りだが、年のころ十八、九の女房は、義経の異父妹能子というサプライズな脚色。

原作が宮尾登美子なので、さっそく、宮尾本『平家物語』の中の「扇の的」をくってみた。

くだんの女房は二位尼（清盛の妻時子）の雑使女玉子となっているではないか。ドラマでは、いわゆる「嘘」、意外性や伏線の張り方で脚色者の力が分かるというもの。そんなテクニックの巧拙が評価の基準になっているのも事実である。

話は飛ぶが、本紙九月六日付夕刊「読者文芸」欄で河野輝暉先生が「虚実の皮膜の間に揺れて」の短評で触れているように、「嘘の中にリアリティーを求める方法」も、また、アクチュアリティーを積み重ねて真実を希求する手法も、ジャンルの違いでこそあれ、真実を探求する態度にはいささかの差違もないはず。この春出版した拙著『宇佐海軍航空隊始末記』（光人社刊）は、これまで、フィクションの作劇術だけ学んできていただけに、事実の重さに苦渋したことは確か。ドキュメンタリーでヤラセがタブーなように、記録文学では、「嘘」は、いのちとりになるのである。この十年、始末記執筆の中で、事実の持つリアリティーを今更のように痛感した次第である。（17・9・29）

大寒前後

二十何年ぶりだったという旧臘の寒さも、お正月の三が日は暖かく、老いのからだには一呼吸おかれたひとときだった。

いつもの年もだが、日当たりのいい廊下に出て年賀状をめくる楽しさは格別。だが、ことしは違う。賀状の束から消えた人が何人かいるのである。

だから、まさか、と思う日が続いていたが、大寒入りの前の日だったか、その中の一人、矢谷文雄氏のお嬢さんから長い手紙が届いた。

「突然のお便りおゆるし下さい」に始まる文面は、多くの知人にあてたあいさつ文らしく印刷したものであった。

ほかに私あての手書きが同封してあった。

「昨年八月、母が他界しました。肺ガンでした。それまで父は、認知症がゆるやかに進んではいましたが、母の死後、病状は一気に悪化、五分前のことも分からず、すぐにリセットされてしまうのです。……」

便箋数枚に及ぶ長文だったが、症状の様子はディテールにわたっていて、私は、Y氏が、学生時代剣道五段、海軍の予備学生として宇佐空にいたときは、小説「雲の墓標」に出てくるほどの武勇伝の持ち主だったのに、人生のはかなさに暗然となるばかりだった。

もうひと方、レイテ沖海戦のさなか、一式陸攻で索敵中、グラマン戦闘機に追われ、海上五十メートルまで降下して敵機を振り切った武運をもつ池津少尉も、奥さまから他界の知らせが届いた。やはりむなしい。

露の世は　露の世ながらさりながら

一茶の句が胸に響くのである。

（18・1・26）

あとがき

先の大戦が終わって、復学、就職、十数年つとめていた毎日新聞を退職して家業継承のため帰郷してから四十二年経つ。気がついてみると八十歳を超えているではないか。われながら驚いている。

その間、毎日新聞（西部）大分版や、地元の大分合同新聞の「灯」欄（コラム）など他の媒体に発表したエッセイが五百篇の分量になっているのにもびっくりしているが、その中の宇佐空に係わる文章だけ抜き出して編纂したのが本書である。

今回上梓するにあたり、読み返して見ると、「僕の町も戦場だった」を手はじめに、エッセイ、コラム合わせて六十五篇。私の宇佐空によせる思いがいかに強く、いきおい、レクイエムにもなっていることも、改めて知らされている。確かに、宇佐空は、アメリカの戦略爆撃機Ｂ29の爆撃で無惨にも壊滅してしまったが、さらに、その場所からは、天皇陛下のため、祖国や日本民族のため百数十人の若人たちが死を決して国に殉じていったのは、まぎれもなく歴史的事実であり、また、その地が聖地であると言っても過言ではない思いにかられている。

二十年振りに帰郷（一九六三年）して、かつて戦場だった地が、農地に復元されていればいるほど、沈思すると、散華した人たちの声なき声が無韻の韻となって聞こえてくるし、はたまた、英霊たちの魂のささやきにも思えて仕方がなかった。

幸いなことに、当時、地元には大勢の生き証人が生存していたので、なるべく多くの証言を、家業の合い間にうかがい記録したのであるが、あれから四十年経つうちに、大方の方たちは鬼籍に入ってしまっている。私の少年期、軍機密の海軍機の写真を、そっと下さった池津六郎兵曹（乙飛５期）も三年前他界、また、マリアナ海戦の生き残りで、昭和二十年四月二十一日の空襲の時、艦爆の指揮所にいた宮内安則少佐（兵66期）も四年前亡くなられたが、葬儀の際、九十歳近い同期の老兵たちが柩を軍艦旗で蔽って送った話などを聞くと感慨一入なのである。

今回、上梓にあたり、六十五篇の記録は、それらの人たちへのレクイエムになっているのはもちろん、また、証言して下さった方たちへの功徳となり、また、菩提を弔うことができれば幸いと思っている。

二十一世紀に入ってこの国のかたちが、当時と一八〇度の転換を余儀なくされている姿に、いまさらながら悲憤の感情が湧き、苛立ちと絶望感にさいなまれることがある。考えてみると、戦後の六十年は、日本人が日本人としてもっていた美徳の心が解体されてしまう六十年だったような気がする。そのことを思うと、散華していった勇士たちに申し訳ない思いにかられるのであるが、生き残った者としては、なにかにつけ思いだしてあげることこそなによりの功徳だと思うのである。

終わりにあたり、宇佐市教育委員会文化課長の井上治廣氏には感謝しきれないし、また、出版にあたり面倒をみて頂いた元就出版社の浜正史社長にも厚くお礼申し上げる次第である。

平成十八年七月記

著　者

戦闘第303飛行隊総員名簿（昭和20年6月10日現在）

NO	氏　名	階級	期別	搭乗時間数	備　考
1	蔵田　脩	大尉	海兵70期	733	終戦時宇佐基地
2	大津留　健	大尉	海兵71期	625	〃
3	新井今朝雄	大尉	海兵71期	560	〃
4	松山　實	中尉	海兵72期	286	〃
5	河野　俊通	中尉	海兵72期	468	〃
6	土方　敏夫	中尉	予学13期	408	〃
7	久角　武	中尉	予学13期	267	〃
8	岩木　敏亮	中尉	予学13期	250	〃
9	人見　純一	中尉	海兵73期	157	20.8.8宇佐基地にて被爆戦死
10	北野　五郎	中尉	海兵73期	163	20.8.7宇佐基地での迎激戦で戦死（耶馬渓町山移）
11	中東　素男	中尉	海兵73期	145	終戦時宇佐基地
12	大塚　晃一	中尉	予学13期	277	〃
13	濱田　寛	中尉	予学13期	250	〃
14	佐伯美津男	中尉	予学13期	230	〃
15	鈴木　一	中尉	予学13期	268	20.7.3南九州にて戦死
16	杉林　泰作	中尉	予学13期	203	20.8.8宇佐基地にて戦死
17	江原　精一	中尉	予学13期	180	終戦時宇佐基地
18	近藤　政市	少尉	27期操練	2,566	〃
19	水津　正雄	少尉	33期操練	3,300	水上機出身。20.7.25宇佐基地での迎撃戦で戦死（別府湾上空）
20	辻　武	上飛曹	乙12期	1,240	終戦時宇佐基地

21	谷水　竹雄	上飛曹	丙3期	1,409	終戦時宇佐基地
22	鈴木　　貢	上飛曹	乙13期	1,165	
23	加茂　武一	上飛曹	乙13期	1,131	20.8.8宇佐基地での迎撃戦で戦死(福岡)
24	宮内　益次	上飛曹	乙13期	967	終戦時宇佐基地
25	迫　精一郎	上飛曹	甲7期	820	20.8.7宇佐基地での迎撃戦で戦死
26	髙嶋　健蔵	上飛曹	甲8期	933	終戦時宇佐基地
27	川東　政巳	上飛曹	甲10期	453	〃
28	奥田　英司	上飛曹	乙17期	180	20.7.26鹿児島基地残存の「零戦」を宇佐基地へ空輸のための離陸時エンジン停止により殉職
29	竹島　春吉	上飛曹	丙12期	878	終戦時宇佐基地
30	横山　　徹	上飛曹	甲11期	200	
31	河内　富雄	上飛曹	甲11期	273	終戦時宇佐基地
32	大石　　治	上飛曹	甲11期	270	〃
33	大久保　藤	一飛曹	丙13期	758	〃
34	長澤　　清	一飛曹	丙13期	800	〃
35	久保　秋男	一飛曹	丙12期	785	〃
36	馬場　八郎	一飛曹	丙13期	460	20.7.17鹿児島基地から宇佐基地へ向け離陸時エンジン停止により殉職
37	城野　昌信	一飛曹	丙16期	306	終戦時宇佐基地
38	安部　正治	一飛曹	丙16期	440	〃
39	濱本　卓二	一飛曹	丙16期	603	〃
40	佐藤　英男	一飛曹	丙15期	666	〃

41	古林　　盛	一飛曹	丙15期	687	20.8.7宇佐基地での迎激戦で戦死
42	一瀬　　覺	一飛曹	丙特14期	561	終戦時宇佐基地
43	尾形　三郎	一飛曹	甲12期	128	〃
44	北村　健次	一飛曹	甲12期	139	〃
45	宇野　亮二	二飛曹	丙17期	350	
46	松本　若造	二飛曹	特乙1期	401	20.7.25宇佐基地での迎撃戦で戦死
47	柏原　省一	二飛曹	特乙1期	510	20.7.17鹿児島基地から宇佐基地へ移動中、エンジン停止により殉職(蒲江町)
48	飯田　利和	二飛曹	特乙2期	280	終戦時宇佐基地
49	古場　俊夫	二飛曹	特乙2期	217	20.6.20沖縄にて戦死
50	岸本　博春	二飛曹	特乙2期	235	終戦時宇佐基地
51	恒住　　安	上飛曹	丙7期	910	〃
52	加藤　　茂	一飛曹	甲11期	250	20.8.13宇佐基地での迎撃戦で戦死(三光村森山)

上記の名簿は宇佐基地配備の戦闘第303飛行隊が鹿児島基地から移動する前の昭和20年６月10日現在の名簿を基に作成したものである。《参考文献》「海軍予備学生零戦空戦記」（土方敏夫／光人社)、「海軍戦闘機隊史」（零戦搭乗員会／原書房)、「丸」（通巻380、557、558／潮書房)、大石治氏書簡。

大石治氏の資料によれば、次の者がその後の異動で終戦を宇佐基地で迎えている。伊藤久（海兵73期)、笹原忠兵衛（予学13期。要務士)、寒川三次（乙13期)、佐藤富士雄（乙13期)、中西正市（丙15期)、野口信一（丙15期)、横守多佐三郎（丙16期)。

単行本改訂　平成18年８月　元就出版社刊

NF文庫

遥かなる宇佐海軍航空隊

二〇一七年一月十五日　印刷
二〇一七年一月二十一日　発行
著　者　今戸公徳
発行者　高城直一
発行所　株式会社　潮書房光人社
〒102-0073　東京都千代田区九段北一-九-十一
振替／〇〇一七〇-六-五四六九三
電話／〇三-三二六五-一八六四代
印刷所　モリモト印刷株式会社
製本所　東　京　美　術　紙　工
定価はカバーに表示してあります
乱丁・落丁のものはお取りかえ致します。本文は中性紙を使用

ISBN978-4-7698-2986-7　C0195
http://www.kojinsha.co.jp

NF文庫

刊行のことば

第二次世界大戦の戦火が熄(や)んで五〇年——その間、小社は夥しい数の戦争の記録を渉猟し、発掘し、常に公正なる立場を貫いて書誌とし、大方の絶讃を博して今日に及ぶが、その源は、散華された世代への熱き思い入れであり、同時に、その記録を誌して平和の礎とし、後世に伝えんとするにある。

小社の出版物は、戦記、伝記、文学、エッセイ、写真集、その他、すでに一、〇〇〇点を越え、加えて戦後五〇年になんなんとするを契機として、「光人社NF（ノンフィクション）文庫」を創刊して、読者諸賢の熱烈要望におこたえする次第である。人生のバイブルとして、心弱きときの活性の糧(かて)として、散華の世代からの感動の肉声に、あなたもぜひ、耳を傾けて下さい。